MEANDERING
IN THE
GARDEN

# 游于园

园林 的 艺术世界

杨振宇

何晓静 —— 主编

上海书画出版社

# 寄情山水，梦寻园林
# （代序）

杨振宇

  经过较长时间的筹备，以中西园林讨论为主题的第三届"自然之名"学术计划终于举行了。"自然之名：山水画与风景画考察学术计划"始于 2014 年，实际上是一个综合的方案，旨在为当代山水／风景的创作与理论研究提供一个思想交流与碰撞的学术平台。它将不定期举行以山水／风景为中心的主题展览与论坛。首届"自然之名"学术计划是在南艺美术馆举行了山水画与风景画的一个专题展览，展示了数十位艺术家的代表作品，同时也举行了多场学术研讨会。

  本届学术主题，我在很多年前就开始酝酿了。大家知道，无论东方或西方，在自然山水与风景之外，人类生活的地方总会有各式各样的园林。寄情山水，一直就是人类的一种"情念程式"：中国古代早有"瑶池""悬圃"之说，古希伯来则有"伊甸园"之传说，波斯则有"天堂园"之记载……作为第二自然，园林犹似山水的长卷，如画之风景，"可行可望，可游可居"，寄寓着我们人类诗意中栖居的理想与崇尚自然的生活境界。这样一种原初的自然山水愿景，历经岁月，逐渐发展为一种深深慰藉着人类心灵的造艺行为与文明成果。"山林意味深求，花木情缘意逗"，其中堆土叠石、假山流水、小池回廊、亭台楼阁、曲径通幽……不仅关乎园林的外观形制、生态构成，更是关联着空间、文化、美学、趣味、社会、想象等诸多的问题与因素。作为第二自然的园林世界，也是山水／风景画学术考察的重要主题。"园有异宜，无成法，不可得而传也"，古往今来世界各地的园林造艺各有千秋，每每具有不同的风格理念。这是经历久远岁月的文明之结晶，绝不可相互混淆，更不宜相互杂糅成为一种拼盘式的奇观。因此，讨论园林风格的丰富意义，厘清不同地域不同时期园林艺术的文化差异，尤其显得迫切与当务之急。这是我一直想做这样一系列园林专题论坛的初衷。

多年来，我也关注着学界有关园林的研究状况，尤其关注中国美术学院内部的相关学术与创作的力量。几年前，我就注意到了何晓静老师的园林研究，她所做的研究富有见地，文献丰富扎实，旨在重构那个消失不见的南宋园林世界。我有关园林文化专题论坛的构想，一开始就得到了她的有力支持。毛茸茸老师则是艺术人文学院所培养的优秀毕业生，她的本科硕士博士学位都是这里取得的，其论文将《环翠堂园景图》置于园林与绘画的对话中，取得别开生面的研究成果，得到了评委老师很高的评价。另外，我也注意到了雕塑与公共艺术学院的康恒博士生，我参加了他的博士论文开题，他对日本园林所做的研究译介，以及他自己的设计实践都是很值得讨论分享的内容。卜雄伟研究生有关欧洲园林的学习研究也颇有新的见解，令人耳目为之一醒。通过以上这些学者，我进一步了解到了本届园林论坛的参与者顾凯、刘珊珊、鲍沁星、龚晨曦等老师各有建树的研究。刘珊珊老师和高居翰先生合著的《不朽的林泉：中国古代园林绘画》一书，提到了张宏绘"止园图"的旧址，那里如今已成为带有大型购物所的住宅区，令人唏嘘感叹不止。

当然，我还格外注意到中国美术学院，其实是一个园林文化的大本营，譬如中国画与书法艺术学院的很多老师以画山水园林为能事，建筑艺术学院的王澍、邵健、康胤、袁柳军等老师则以山水园林研究为创作与教学的重要内容，成果丰富，甚至跨媒体艺术学院的管怀宾院长出于对园林的一往情深而以"度园"为家……总之，慢慢地，学者专家聚集到了本届"自然之名"学术计划之中，共同形成了"园林文化专题论坛"的学术内核。

在我的构想中，"自然之名"学术计划始终是一门开放性的课程实验与教学探索，是一个理论与实践、知识与经验的共同体。前面两届学术计划的展开，其组织主体一直就是我们艺术人文学院的同学，并始终与我本人所开设的本科生与研究生专题课程紧密结合。每年秋季，学生们上山下乡的时候，园林总是重要的考察主题。然而事实上，丘园犹在，西湖梦寻。西湖其实就是一座大的园林，但即使康熙十年（1671）的张岱，也已感慨"及至断桥一望，昔日之弱柳夭桃、歌舞楼榭，如洪水淹没，百不一存矣……金齑瑶柱，过舌即空，则舐眼亦何救其馋哉"！如今，旧时园林的遗址我们还能偶尔漫步其间，努力起一种怀古的幽思，但常常也是渺茫无绪。更何况，各种新式的园林层出不穷，而那份寄情山水，啸傲林泉的游园经验，却很容易被喧嚣的旅游奇观所遮蔽。

因此，在艺术人文学院的教学与研究中，对园林始终怀有一份文化的责任与持守。据本届论坛的组织人之一张书彬老师介绍，他今年带队下乡考察的40位大二同学中，有18位同学的作业涉及了园林，可见大家对于园林研究的关注与兴趣。从一开始，张书彬老师就设法将本届论坛的组织安排与同学们的下乡考察紧密结合，形成一个开放式的课程实践与实验。鉴于以上的学术研究与教学实验，艺术人文学院联合设计艺术学院，邀约国内多位专业研究的学者，筹划举办第三届"自然之名"学术计划，旨在以系列专题讲座＋专题评议的方式，在一个开放的视野进行跨学科、多领域的园林文化探讨。本次的园林文化专题论坛希望能够呈现东方的中国、日本与西方园林之间的不同文化传统，让我们一起"游园畅怀"。

前不久，我的同事阿萨在宁波举行了一个小小的艺术个展。阿萨杜尔·马克洛夫 [Assadour Markarov] 是保加利亚人，多年在中国求学与工作，现在是中国美术学院雕塑与公共艺术学院的一名老师。作为一名纤维艺术家，阿萨却常常在编织之余拿起画笔或喷枪等其他工具，涂抹、描绘，借以返回自己的小世界。我问他："你到底是在画什么？"阿萨说："我来来回回，一直都在描绘自己的花园。"作为他多年的朋友，我应他的要求，写了一篇短短的展览前言，标题就叫"游于园：纤维艺术家阿萨的艺术日课"。在我看来，对这位长期在保加利亚与中国，在欧洲与亚洲之间穿行往来、勤劳奔波的纤维艺术家来说，花园，即是他劳作的家园，也是他自我救赎的乐园。

当我准备撰写阿萨艺术展览前言的时候，一开始就想起了薄伽丘的《十日谈》这本名著。从一场可怕瘟疫中幸存下来的十位青年男女，逃到城外小山上的一座别墅花园里，他们每天轮流讲故事以打发时光。于是，这花园里的快乐十天，就有了近百个有趣的故事……今天，我们虽然仍然身处全球新冠疫情未止之时，但还能顺利举办这样一个可爱而迷人的园林文化专题论坛，这要特别感谢何晓静、张书彬、卜雄伟的精心组织，各位学者专家的尽心支持，会务工作团队的用心安排。当然，这个规模不大的专题论坛，既是整个"自然之名"学术计划的一部分，也是园林文化系列研究的开始。

而现在，论坛已经圆满结束，承蒙上海书画出版社的青睐与重视，计划将相关的论文裒辑出版流通坊间，以便让更多园林爱好者与研究者分享本次论坛的相关成果。责任编辑们还格外强调图版的精美品质，讲究书籍的排版设计，于是此书显得更加令人期待了。"众鸟欣有托，吾亦爱吾庐"，我也借此深深地祝愿，世上永远都有美丽宜人的山水园林。

初稿于 2020 年 11 月 28 日

修订于 2021 年 6 月 29 日

# 目　录

# 园林只在小窗前

## 陆游园林观念研究

何晓静

## 引 言

陆游在庆元四年（1198）《小园新晴》中写到"园林只在小窗前"，该诗以园为标题，抒发了"物华心赏元无尽，剩住人间作地仙"的生活感悟。园林作为诗人借物抒情的对象，成为沟通诗人抒情世界与现实的桥梁，也透视出他们的人生追求和生活哲理。陆游，字务观，号放翁，越州山阴人，是我国文学史上首屈一指的大文学家，被誉为南宋中兴四大诗人之一。他书写编撰了大量的文学作品，包括近万首诗词和几部笔记文献。诗稿由他自己生前编辑成册，以《剑南诗稿》为名存世，还有《渭南文集》五十卷，《老学庵笔记》十卷，《南唐书》十八卷。陆游一生交游广泛，师徒挚友遍及南宋文坛，有范成大、杨万里、曾几等，还包括皇室贵族以及朝廷权臣，如张镃、韩侂胄等。陆游的仕途因其倡议收复北地的主张而颇为不顺，入蜀八年，又有几年分别担任严州和行在（临安）的小官职，他大部分时间在家乡山阴领祠禄赋闲。陆游作品的主题非常丰富，包括种种见闻、经历、情感以及对各种山川河流景观的感怀，在当世就有很高的评价。陆游作品中有关园林的书写和表达是建构那个时代园林现场的重要遗产。这些文字有一部分是关于他自己的园林营造实践；另一部分则是他对自己以及他人园林的评价，提出了园林所应具有的品质特征。这些诗词、园记是他园林观念的集中体现和表达。在南宋园林极少有留存的背景下，尽可能地将园林以多样的形式进行复原建构，将会是对园林观念的讨论基础，以陆游为出发点，也可以建立起关于那个时代园林想象的片段。

## 一　陆游的园林营造

陆游园林营造的过程中，对园林与居所之间关系的处理，对择地与自然环境的协调，对居住空间园林环境的调整，以及对独立的思索之境的营造等，都直接体现了其园林观念。在陆游所处的时代，园林之于普通文人的意义，更像是满足生活起居的日常需求之物。陆游在临安的居所只有两间，被其戏称"烟艇"[1]。幼时居所为其祖宅，成年之后便少有居住，其间的园林营造也可忽略不计，他在晚年营造了石帆别业，也是记载寥寥。陆游的园林生活主要在三山别业展开，他在其间生活了四十多年，为别业书写了不计其数的诗词，这些诗词就足以建构起一个园林的完整形象。

有关三山别业的研究，目前做得最详尽的是邹志方的《陆游研究》中的"三山别业"章节。三山别业在乾道乙酉（1165）开始营建，在乾道丙戌（1166）年入住。陆游在这里生活了三十余年，在《春尽遣怀》[2]等多篇诗词中都有写到。三山别业有十几间房，陆游经常抱怨因人口多而居所不够用，主人老少十余口，加上佣仆，确实不甚宽敞。陆游自己的书房也经常是仅容"一几"或"四人"

等情况，几个儿子各自的书房也非常狭小。因此，三山别业作为主要生活起居的场所，严格意义上来讲不是一个园林，但他在宅院东、西、南、北隙地间的造园和营园行为显得特别珍贵且有意趣。

**1. 园林与环境的关系考量**

在选址上，三山别业有关镜湖边的环境考量甚于园地本身的营造。所谓三山，则是东山、西山，位于别业两侧，天柱山，正对其南面。《南堂独坐》[3]中有关南山的描述是："晨坐南堂双眼明，南山山色满柴荆。"

别业周边的水有镜湖、剡曲川和江泽。别业建在镜湖的西面，能依托广袤的湖景。《小筑》中有："小筑茅茨镜水滨，天教静处著闲身。"可知，这是一处天然的静谧自然之所。《杂书幽居事》中有："卜筑南湖上，梅花几度春。"交代湖上可赏梅。《赠竹十韵》："放翁小筑湖西偏，虚窗曲槛无炎天。"写到别业在湖偏西侧，水边有自然凉爽的小气候。《暮春有怀王四季夷》中："镜湖西畔小茅茨，红叶黄花晚秋时。"也交代居住在湖西侧，湖边有红黄植物。《吾庐》中的："吾庐镜湖上，傍水开云扃。"《壬寅新春》中的："门外烟波三百里，此心惟与白鸥亲。"《秋来益觉顽健》中："何许是吾庐，南临古镜湖。"不仅表明三山别业的方位，可以说是紧贴镜湖，而且开窗即可见湖上云水和白鸥。

剡曲川与镜湖溪尾相连，在别业东面。别业园景可以借势动态的水流。《小圃》中写道："剡曲西边筑草堂，小园聊复寄相羊。"《白发》写道："萧萧白发濯沧浪，剡曲西南一草堂。"《小筑》有："小筑清溪尾，萧森万竹蟠。"所谓"一曲清溪带浅山，幽居终日卧林间"。

邹志方对三山别业的建筑群做了考证[4]，指出别业中的主体建筑是南堂，南堂的东边另有一小室，南堂后就是陆游的居室。陆游《居室记》[5]对此有详细的记载。南堂和后面的居室，在夏

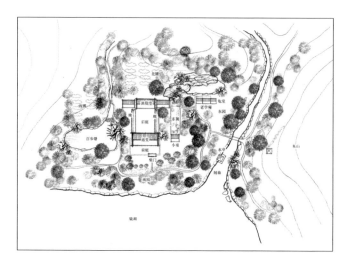

图 1　三山别业复原
想象图

天合二为一，以受凉风。冬天则一析为二。南堂前后分别有庭，
前庭之前有柴门。后庭则平宽、幽深，并设廊架，《小院》写道："小
院回廊夕照明，放翁宴坐一筇横。"后庭之后则是正屋，它的中
间也有堂，放翁称之为"小堂"。正屋有楼，有阁。另外，三山
别业中有各种园林建筑，如"东轩""南轩""小室"，还有陆游
晚年常住之地，老学庵和龟堂。龟堂即由老学庵最东面中辟出
的一间小室。根据以上研究，可以大致绘制出别业的建筑布局。
（图 1）

### 2. 居所的整体园林环境营造

邹志方考察了陆游的《剑南诗稿》，将诗词中的园林描绘进
行了提取，分别讨论东、南、西、北四个方向的园圃，另外，单
独论及了溪池、小井、泉眼、假山、盆景、亭台、植物等，但邹
氏单独论及的园林构筑与四个位置的园圃之间并没有建立联系。
事实上，园林只有兼具水、石、植物构造才能呈现整体有机的关系，
才能可靠地描述出园林作为空间的感受和审美价值。

别业中的小园围绕着建筑群东、南、西、北四个方位布置，

分别是东园（小园、山园）、南圃（南园）、西圃（药圃、药园）、北圃（北园）。东园和南圃都是具有纯粹审美价值的园林，而西圃和北圃则主要讲究其实用功能，种药和种菜。另外，在靠近东山的一处地有茅屋三间作老学庵，围绕老学庵有丰富的园林营造。

东园作为别业里面积最大和最重要的园林，在陆游多首诗赋中被提及，在诗文中也称小园、山园。诗作《小园》有："新作小溪园……樵路接东村。"《开东园路，北至山脚》："清沟东畔剪荑菅，曾设柴门尽日关。远引寒泉成碧沼，稍通密竹露青山……更上横冈吾所爱，小儿试觅屋三间。"交代了开垦东园的前后，陆游寻访了周边的环境，并将园路连接"青山""东村"。

如《予所居三山，在镜湖上，近取舍东地一亩，种花数十株，强名小园》[6]标题所示，东园大约有一亩。其中有桑园："舍东已种百本桑，舍西仍筑百步塘。"（《予所居三山，在镜湖上，近取舍东地一亩，种花数十株，强名小园》）有菊畦："屋东菊畦蔓草荒，瘦枝出草三尺长。"（《山园草间菊数枝开》）有修竹古蔓："瘦篁穿石窍，古蔓络松身。熟摘岩边果，干收涧底薪。"（《山园书触目》）有动态流动的水，如溪、涧、沟、泉。还有静态平整的池沼——东篱中有陆游埋了五个瓮积水而成的池沼："小园草木手栽培，表丈清池数尺台。""埋瓮东阶下，滟滟一石水。"有花木，如桑、菊、竹、松、荑菅（丛生的茅草）等。

宁宗开禧三年（1207），陆游在东园又辟出"东篱"小圃，并建有茅舍。《东篱》："新营茅舍轩窗静，旋煮山蔬比箸香。"陆游还专门作《东篱记》，记录开筑篱之因果前后，交代了东篱的详细面积，园内构筑，以及自己在园中的生活状态：

南北七十五尺，东西或十有八尺而赢，或十有三尺而缩。插竹为篱，如其地之数。埋五石瓮，潴泉为池，植千叶白芙蕖，又杂植木之品若干，草之品若干，名之曰东篱。放翁日婆娑其间，

园林只在小窗前 | 5

掇其香以臭，撷其颖以玩。朝而灌，暮而锄。凡一甲坼，一敷荣，童子皆来报惟谨。放翁于是考《本草》以见其性质，探《离骚》以得其族类，本之《诗》《尔雅》及毛氏、郭氏之传，以观其比兴，穷其训诂。又下而博取汉魏晋唐以来，一篇一咏无遗者，反复研究古今体制之变革，间亦吟讽为长谣短章、楚调唐律，酬答风月烟雨之态度，盖非独娱身目遣暇日而已。[7]

东篱应是紧贴屋宇，在东园的西部，面积"南北七十五尺，东西十有八尺而赢"。根据换算，宋1尺约等于0.31米，可知东篱的南北约长23.2米，东西约4米。在这个约80平方米的东篱，放翁插上竹子为篱笆，由此称其东篱。小小的八十方内又埋入五个石瓮，蓄水为池，池上种千叶白芙蕖，也即重瓣的白荷花。园内还有若干树木、花草。自从开辟了东篱，陆游便日日徜徉其间，据他自己《东篱杂题》所称："自作东篱后，经旬不过邻。"和他经常往来的邻里们都因此被冷落。

东园除了有一小块东篱之地外，其余的部分与东山连为一片。园内还有其他亭台。有水亭，在东园迤曲傍："水亭不受俗尘侵，葛帐筠床弄素琴。"有台，如《春日登小台西望》诗标题所写，《小园》诗也写到小台，"小园草木手栽培，表丈清池数尺台"。东园埋瓮成池的地方，有叠石为山者，也有肤寸立石，可生云雨之立石造景。如"叠石作小山，埋瓮成小潭。旁为负薪径，中开钓鱼庵。谷声应钟鼓，波影倒松楠"，[8]以及"犹稀绿萍点，已映小鱼群。傍有一拳石，又生肤寸云"[9]二句诗词所描绘的景象，东园又是别业中最具有文人园特征的小园，园内尽种竹、菊这样有象征意义的植物。

南园，又称南圃。景观以自然胜，远处的南山景以及镜湖的湖景。南园内以及周围有大片的梅和作物胡麻。关于南山的景观，《雨晴，风日绝佳徙倚门外》称："贪看南山云百变，舍西溪上立多时。"《衡门》称："疏沟分北涧，剪木见南山。"南山作为园景的一部分，体现了造园中对于借景的应用，山景虽不在园内，但园中的构筑设置都是为了满足观景的需求，如将花木刻意修剪，如拓辟可立足之地以便停留。

关于南园的湖景，《饮牛歌》称："门外一溪清见底，老翁牵牛饮溪水。"《北渚》中："北渚露浓萍叶老，南塘雨过藕花稀。"前一首的门，所指即为南门，南门外有溪水穿流，南塘种有藕花可赏。南园还有重要的梅花和胡麻景致。《闲居初冬作》："东窗换纸明初日，南圃移花及小春。"《南园观梅》："小岭清陂寂寞中，绿樽岁晚与君同。"《村舍杂书》："舍南种胡麻，三日幸不雨。"梅花在南宋文人园林中的地位不消多说，陆游好友范成大的《梅谱》将梅花的品格与君子相比，陆游有关梅花的描述不仅是在表达赏景的心情，更多的是在抒发有如"绿樽岁晚与君同"的文人间相惜相爱的情怀。

西圃，又称药圃或药园，以种药材为主。从《连日治圃至山亭》诗题看，药圃在舍西，诗曰："门开度略彴，路尽上坡陀。"药圃在舍西西山东麓和南麓。三山别业的门原是开着西面，后来才移到南面。诗文《药圃》写道："幸兹身少闲，治地开药圃。"《行年》有："墨沼龟鱼乐，药园芝术香。"《村舍杂书》又有："逢人乞药栽，郁郁遂满园。"可知，对于陆游来说，园林的悠闲之乐，除了"墨沼龟鱼"之外，少不了"药圃芝香"。西园的水有百步塘和溪。"贪看南山云百变，舍西溪上立多时。""舍东已种百本桑，舍西仍筑百步塘。"

北圃，又称北园，蔬圃、草堂、泉石、植物俱全。《自述》有："二亩新蔬圃，三间旧草堂。"《村舍杂书》有："舍北作蔬圃，敢辞灌溉劳？轮囷瓜瓠熟，珍爱敌豚羔。"《雨过，行视舍北菜圃因望北村之久》的："蔬畦蹀屧惬幽情，检校园丁日有程。"说明了北园的菜圃性质，规模不小，还有三间草堂位于其间，并能借北村之景。《蔬圃》称："蔬圃依山脚，渔扉并水涯。"可知，蔬圃紧邻山脚，以水为涯。北圃的水源也必然丰富，如有"北渚露浓萍叶老，南塘雨过藕花稀"。被称为"渚"之水，意味水中之陆地，水兼有平缓深远之意境。

### 3. 独立的思索之境

陆游晚年在三山别业重要的园林营造集中在老学庵的周围。《老学庵》诗序："予取师旷老而学如秉烛夜游之语名庵。"交代以"老学"名庵的理由。《题老学庵壁》有："此生生计愈萧然，架竹苫茅只数椽。"《题庵壁》有："竹间仅有屋三楹，虽号吾庐实客亭。"自注："小庵才两间。"此庵位于小轩之东，靠近东山。《感怀》[10]："卜居镜湖上，一庵环翠屏。竹林藏谽谺，岭路蟠青冥。"岭即东山。《三山卜居三十有四年矣》曰："庵小偷僧样，陂长按古规。"陂即东山山坡。

庵北有假山，山下蓄池。《老学庵北作假山》："我今作小山，才及仞有半。下潴数斗水，草木稍葱倩。"《北窗试笔》："北窗小雨余，盆山郁葱蓓。"《龟堂杂兴》："方石斛栽香百合，小盆山养水黄杨。"《初夏野兴》："盆桧雨余抽嫩绿，研池风过起微澜。"诗文中所称的"北窗"，皆指老学庵的北窗。此庵四周种竹，而且窗前栽梅。《庵中夜兴》曰："有情梅影半窗月，相应鸡声十里村。"

如上文所述，老学庵为独立的三间茅舍，最东一间为龟堂，陆游晚年常以龟堂自称，并常以此地读书会客。老学庵辟有北窗，北窗所望之景，远能见远处村落炊烟，近亦有水有石。"园林只在小窗前"所写即是老学庵北窗外之园景。

老学庵东侧有龟堂开东窗，东窗望去也有异景。陆游在龟堂能见溪池。《龟堂偶题》写："春水一池花百本，此生未易报天公。"《暮春龟堂即事》写："雨余千叠暮山绿，花落一溪春水香。"《龟堂初暑》写："沧漪一曲绕茅堂，葛帔纱巾喜日长。"《龟堂一隅开窗设榻》写："小展窗扉无大费，略加苫盖有余凉。"以"龟堂"为题的诗词具有园林诗的一般特征，书写园林构成元素，如溪、池、山景、花木，以及园居生活片段，披葛劳作、小展窗扉。

陆游晚年花很多时间在老学庵读书、会友，他的诗词出现"老学庵"和"龟堂"或以其为名不下三十首，可以看出，他于此间的活动逐渐摆脱了早年困扰他颇深的仕途沉浮之问题，而关注自然中花草、树石等可爱生命，淡然之意，超脱之感从园林诗中跃然而出。"园林只在小窗前"的总结和抒发，表明了陆游园林观中将园林抽象化处理为观念投射对象，园林脱离了其物质属性，成了文人窗口中的一帧画面，画面的内容不重要，重要的在于小窗，以及文人将此地作为独立的思索之境，进行投射和感怀。

## 二 园林评价的经典

陆游的园林评价以写于庆元三年（1197）二月丙午《南园记》为典型，该记是陆游受南园主人韩侂胄邀约所写。南园的营造经历了属于皇家和贵族的不同阶段，作为当时顶级的园林，南园可以说体现了南宋优秀园林的所有品质，当然，这也是一般文人无法负担的奢华园林。陆游关于园林的文字是当时文人眼里的园林和文人园林营造的典型，是园林理想与造园现实在文人群体里协调后所呈现的特征。

陆游在嘉泰三年（1203）为韩侂胄的另一个园林"阅古泉"也作过记。与南园一样，阅古泉也是南宋造园盛期的园林代表，但至今也不见一点遗存古迹。本文将其与《南园记》一同作为陆游园林观念表达的例证，互为论据，因为以纯文本形式留存的园记，存在着文学性的美化和假设，对园林观念的分析首先需要建立起一个相对完整的园林形象。因此，讨论不仅限于陆游的园记本身，同时也将同时代其他人的评述和考证结合，通过各方面的考察，建构园林的整体形象，验证陆游园记的真实与可靠性。陆游园林观念经由园记所反映的，也即园林营造的核心品质，如园主人价值观念的表达、以择地为本的思想、园林游赏的序列安排、各要素的组合以及形式感的抽象化呈现等。

## 1. 园主人志向的表达

《南园记》既能循序而详实地描绘园内场景，又有以园抒胸臆的表达，成为当时园记模板，但也使得晚年陆游卷入韩侂胄干政的历史评说中，褒贬不一。《渭南文集》是陆游未病时亲自编辑的文集，并没有将《南园记》以及《阅古泉记》收录于内，史称"其不入韩侂胄园记，亦董狐笔也"。[11]南宋叶绍翁评价陆游笔记文献精古，并认为陆游所写"天下知公之功而不知公之志，知上之倚公而不知公之自处。公之自处与上之倚公，本自不俟"。认为陆游为韩侂胄作记，实际上是表达了他对园主人的期许，同时，园林正是这一园主人志向的物化表现形式。

明代毛晋对陆游写《南园记》的书写背景也做了解读，作《〈放翁逸稿〉跋》写道："已面唾侂胄。至于南园之记，惟勉以忠献事业，无诿辞，无侈言。放翁未尝为韩辱也。"[12]认为陆游"虽见疵于先辈"，但所作之记并无"侈言"，而更多是"勉以忠献事业"的策勉之意。园林对于园主人志向的表达可以说是造园内在的核心，这一做法不论反映在择地，还是对于序列的安排来说，都是潜藏的规则。《阅古泉记》中的：

> 游按泉之壁，有唐开成五年（840）道士诸葛鉴元八分书题名，盖此泉湮伏弗耀者几四百年，公乃复发之。是"阅古"，盖先忠献王以名堂者，则泉可谓荣矣。游起于告老之后，视道士为有愧，其视泉尤有愧也。

陆游从认为自己除了有愧于先人"道长"在此修行，更有愧于不老之泉的天然造化，从而进一步答勉园主人韩侂胄应以他的先祖"忠献"公为榜样。

### 2. 以择地为本的选址观念

《南园记》在论及南园的选址时称其："地实武林之东麓，而西湖之水汇于其下，天造地设，极山湖之美。"南园借景武林山、西湖水的自然环境，位置极具天然优势。《武林旧事》记，南园在南山路一带，"南园：中兴后所创"[13]。在高、孝两宗之后所建，原是皇家别苑。《咸淳临安志》记："在长桥南，旧名南园。慈福以赐韩侂胄。"[14] 在韩被诛后，复归御前，改名庆乐。[15] 理宗皇帝又赐嗣荣王赵与芮，改名"胜景"，御书"胜景"二字为匾。[16] 叶绍翁 [17]《四朝闻见录》中"南园记考异"条进一步确认了南园的位置，书中称："武林即今灵隐寺山。南园之山，自净慈而分脉，相去灵隐有南北之间。麓者山之趾，以南园为灵隐山之趾，恐不其然。惟攻媿楼公 [18] 赋武林之山甚明。[19]"认为南园所依之山为"净慈"分脉，而不在"灵隐"之麓。

《南园记》称，进行全面营造之前，韩侂胄及造园管事对整体环境进行一系列的勘察和度量。"前瞻却视，左顾右盼，而规模定"，之后"因高就下，通窒去蔽，而物象列"地去修整自然环境，栽植佳花美木，叠山置石。完成之后的园林可谓"飞观杰阁，虚堂广厅，上足以陈俎豆，下足以奏金石者，莫不毕备"，既具有可以瞻仰祖先的形制，又有符合上古礼仪的标准。

《阅古泉记》则写到阅古泉的地理位置，"太师平原王韩公府之西，缭山而上，五步一磴，十步一壑，崖如伏龟，径如惊蛇"。阅古泉位于韩宅宅西侧，是西湖边典型的山地园林。记中描述了园林自然环境以及沿途的奇石景致。从韩宅西侧上山，登至山顶后，左江右湖，"江横陈""湖自献""天造地设，非人力所能为"。在山顶远眺，往东可见"浴海之日""既望之月"，西则是"翠丽美荫"。山中之地多石，大石形态多样，有如"地踊而立""翔空而下""翮如将奋""森如欲搏"。多桂竹，名葩美木。最重要的是有一泉，名"阅古"，"霖雨不溢，久旱不涸，其甘饴蜜，其寒冰雪，其泓止明静，可鉴毛发""虽游尘坠叶，常若有神物呵护屏除者。朝暮雨旸，无时不镜如也"。

叶绍翁也对阅古泉地址进行了考证，他认为，韩侂胄旧宅在太庙附近，而园林的范围从梅亭一直到太室的后山，原本属于宁寿观的地界范围。韩侂胄开山建堂，作"阅古堂""阅古泉"，作曲水流觞，借山中原有景致造园。园林"下瞰宗庙，穷奢极侈，僭拟宫闱"[20]，园内经常举办各种宴乐活动，欢嚣声甚至能震惊太庙的山。叶绍翁认为他的造园已僭越，而至"简慢宗庙，罪宜万死"的程度了。皇室认为此处过分接近皇宫禁苑而欲收回，并将"南园"赐予作为补偿。但通过比对陆游的《南园记》和《阅古泉记》[21]，写作时间分别是庆元三年（1197）和嘉泰三年（1203），也反映了韩侂胄在拥有南园的同时也拥有阅古泉。

从园林营造的角度来看，阅古泉极合理地利用山势造景。泉水几经曲折，周以玛瑙砌筑。"泉流而下，潴于阅古堂，浑涵数亩，有桃坡十有二级。"[22]韩居此多年，园中理水叠石，所形成的山林园观颇为壮丽。陆游对此园的最高评价非"不类其为园亭也"莫属，园林不像园林，而更像自然的山水环境。

### 3.园林游赏的序列安排

《南园记》中对园内设置也交代得非常清楚，如有堂（许闲）、有射厅（和容）、有台（寒碧）、有门（藏春）、有关（凌风），还有叠石山（西湖洞天），种水稻处，放牧处（归耕之庄），以及大量的亭榭。记中最重要的就是同上文所说的，以园主人的志向为根本，串联园中的构筑的描述。陆氏称韩侂胄以先祖韩忠献王的诗词为园中堂榭提名，如"许闲"堂、"和容"射厅、"寒碧"台等，都是"公之志，忠献之志也"。

《梦粱录》根据《南园记》对南园的内部构成做了概括,仅称其:

> 园内有十样亭榭,工巧无二,俗云"鲁班造者"。射圃、走马廊、流杯池、山洞、室宇宏丽,野店村庄,装点时景,观者不倦,内有关门,名凌风关,下香山巍然立于关前,非古沉即枯枒木耳。盖考之志与《闻见录》所载者误矣。[23]

这样的概括比《南园记》简略许多,对园内景物进行了场景化的罗列,区分出作为游戏性活动场所的"射圃""走马廊""流杯池",作为造景自然山川的山洞、关、台,作为倡导农耕之事的"野店村庄",以及作为点景之用的亭,概括而称其为"十样亭榭",不注名目。

周密的《武林旧事记》则仍依照陆游《南园记》的叙述顺序,把园内的构造进行罗列,而无其他延展,记:

> 有许闲堂、和容射厅、寒碧台、藏春门、凌风阁、西湖洞天、归耕庄、清芬堂、岁寒堂、夹芳、豁望、矜春、鲜霞、忘机、照香、堆锦、远尘、幽翠、红香、多稼、晚节香等亭。秀石为山,内作十样锦亭,并射圃、流杯等处。[24]

南园代表了当时王贵园林的营造高峰。陆游称:"王公将相之园林相望,莫能及南园之仿佛者。"该园面积甚大,地势高低通达,是当时除了皇家园林之外,形制顶级的仕宦园林。

由于陆游的书写,后来的文人们对南园的考据也兴趣盎然。叶绍翁认为,园内凌风阁下"有香山十样景之胜,有奇石为石洞,洞有亭,顶画以文锦"。"香山",是原蜀地郡守献给韩侂胄,"高至五丈,出于沙蚀涛激之余,玲珑壁立"[25]。奢华无前,但之前的记中都不载,叶氏便特意于此作记。

有关园林内部构造的分类和文字记录方式，实则也体现了记录之人对于园林场景的理解。陆游所在的南宋，虽然文人造园的活动兴盛，但真正能够实现高远目标和情境的仍然是皇家和贵戚园林，注重对于场景的营造，延续了前代园林活动传统，如提供"宴射"的场所"射圃"，健身之用的"走马廊"以及模仿上古文人式交流的"流杯池"等。

### 4. 作为造园方法评价的园记

陆游的园记呈现了南宋园林的优秀典范价值和一般特征。园记记载了造园从选址、营建到最终的意义落实的内容。同样的，大部分园记都有相同或相似的结构，如会在第一部分做环境描写、丈量地形，第二部分详细描述园林内部构造，第三部分借园抒情。

园记中有关选址的描述，首先体现了造园过程中，园主人对自然环境的自主选择意识。园林所在地具有天然的山水之势为佳，如果可能，含有神祇福泽之暗示则更好。如阅古泉，因为上古此地就有的青衣泉，水遇旱季而不涸，便成为选址的最重要原因。同时代的文人叶梦得选址造石林园时，也以其地有水，认为适合子孙世代居住，《避暑话录》写到石林的水时，称"吾居东、西两泉，西泉发于山足，蓊然澹而不流，其来若不甚壮，汇而为沼才盈丈，溢其余流于外"[26]。此泉供应着他家内外几百口人的日常生活而"不耗一寸"，甚至遇大旱也不竭。叶氏认为这是由于他的"常德"而获拥此泉。但事实上，叶梦得身后，石林园迅速荒芜。

园记对园内部赏景序列的翔实描写，使园林在传承重构上有很大的可能性，但大多时候园记所描写的都是具有特定意义的空间以及建筑、水、植物、山石等。陆游的园记几乎没有描述实用功能空间，文中所出现的稻场、苗圃等地，是作为兴农观念的表征性空间出现，其演绎的效果大于其实际功能。

园记中也有大量关于园林形式处理的考量，如对偶、对比等，手法体现在"左右、上下、高低"等字眼的频繁出现。对偶既是中国文学的一种修辞手法，也是中国传统文化中普遍存在的现象。从文学、绘画、书法到园林、建筑、陈设以及装饰，对偶构成了中国人的基本审美图式。[27]同时代曾丰的《东岩堂记》在关于园林的形式感营造上有很详细的描述。他指出，东岩堂中的不对称平衡处理，在园址东边布置五个亭台楼榭，同时摆五组石头，以为"五会"之地，命名为"东岩"；在西边设置九个亭台楼榭，并相应摆置九组石头，称其"九会"之地，且命名"胜赏"。数量上五、九，采取奇数为尊的做法，注重"物不两大"之说。

园主人志向的公开表达也是园记中隐含却又特别重要的造园准则。韩侂胄的两个园林都具有公共园林的属性，他将其定期开放，并邀请当世著名文人书写园记。杨万里就曾拒绝了韩侂胄的邀约。从陆游园记中可知，同他一起前往游赏的还有其他人，那些园记，我们现在已经不得而见，但较为明确的是，这样的活动很大程度上是园主人基于传播的考量，他们深知，园记在文人中传播的效应是巨大的[28]。

## 三 余 论

陆游以园记书写园林评价，而他对自家园林的描绘则以诗歌为载体。园记与诗词的差异不仅在于文体，更在于诗词所独具的时间表达。诗歌所具有的时间性，同园林的时间属性相契合，因为有很多临时起兴的描绘，生动活泼。陆游近百篇的诗歌描绘了他的园林在冬去春来、寒来暑往之间的场景，成为我们考察那个时代园林较为真实的材料和感悟。可以说，陆游对于园林的感怀最终落实在了"园林只在小窗前"这句诗上。园林之于文人，很多时候是内在体验和修养的呈现，极少涉及公开的意义表达，是作为活动的背景，而不是交游的具体场地。陆游的园林活动基本可归纳为日常家居生活，种植花木、浇灌土地。如果有延展，也是在园林提供的清静场所独处反思，园中的一花一草都成为格物致知的对象。

陆游诗句"园林只在小窗前"有助于我们理解那个时代抽象化了的园林意义。这里有三重意义。第一重是关于小窗。小窗为内部框出了一个透视外部的通道，指代了内外沟通的意义，只有通过小窗，具有内外两种性质的空间才得到融合。第二重是关于园林，它的概念被重新解读了。"园"的字面意义，由围墙，土地，水石，林木等构成，"小窗"让这些要素都消失了，园林只因小窗的存在而存在，以屋内主动望出去的人的意愿而成园景。园林如同被小窗框住的视觉形象，一个平面化了的存在，它的意义在于观看而非进入。第三重是经由"只"字传达出来的关于内在的重要性，它不仅包括内部空间，还包括了文人的内心。外部的环境只有通过内在的意义才得以确立。"窗"便是主动打开内部空间的意愿的表达。概括来讲，这个时期文人的造园，是意欲建立一个由内而外的世界，一种从心到物的可感知空间。

另外一方面，陆游的园林评价所写都是当世顶级的园林，园记中所涉及场景的描绘，如射圃、钓台、村庄等，都是基于上代或已有园林基础而构，且并未因土地不足或资费不够的情况而被抽象简化，这些构筑及其对它们的记录，使后代得以对越来越抽象化的园林构成有完整且具体的认知。园记中关于园林审美原则的讨论，如提出的方位上"左右"的考究，形象上"疏密"的衡量等，是那个时代文人审美从诗歌到园记到园林所达成的共识。这种共识，也通过园主人举办公开的园林活动，主导园记的书写得以传播，园林具有了基于文字和传播的教化意义。

消失在历史长河中的园林，或许可以通过园记、园林绘画进行复建重构，但园林之于园主人的真实意义则是在其间变化莫测的经历和体验。在诗歌中，早已消逝的时间片段闪现，有如夜空的数点星光，虽不甚闪亮，但循光线望去，模糊的形态却珍贵难得。当星点丛聚，轮廓的呈现也未为不可。就整个时代对于园林的认知来说，对时间性的追求削弱了对园林游观活动的营造，逐渐重视其作为静观对象。从窗口所能望得的园林，也有了具体的形态特征，即小型化、画面感、与诗词同构的韵律感。园林对意义进行表达的价值也被文人们广泛认同，陆游的造园活动及其园记进一步表明，其所处的时期正是一种造园新方法生成的时期。

注释：

1《陆游全集校注 9·渭南文集校注》，427。（文献 [2]）

2《陆游全集校注 4·剑南诗稿校注四》卷三四，368。（文献 [2]）

3《陆游全集校注 6·剑南诗稿校注六》卷五十，30。（文献 [2]）

4 邹志方. 陆游研究 [M]. 北京：人民出版社，2008：87-92。（文献 [3]）

5《陆游全集校注 9·渭南文集校注》，488。（文献 [2]）

6《陆游全集校注 4·剑南诗稿校注四》卷三一，243。（文献 [2]）

7《陆游全集校注·渭南文集》卷二十《东篱记》，120-121。（文献 [2]）

8《陆游全集校注 6·剑南诗稿校注六》卷五四，《假山，拟宛陵先生体》，177。（文献 [2]）

9《陆游全集校注 4·剑南诗稿校注四》卷三五，《盆池》，411。（文献 [2]）

10《陆游全集校注 4·剑南诗稿校注四》卷二八，118。（文献 [2]）

11 董狐笔，指春秋时晋国史官董狐在史策上直书晋卿赵盾弑其君的事。见《左传·宣公二年》。后用以称直笔记事，无所忌讳的笔法为"董狐笔"。

12 陈从周，蒋启霆选编. 园综 [M]. 上海：同济大学出版社，2004：321-324.

13（宋）周密著. 古典名著聚珍文库 武林旧事 [M]. 杭州：浙江古籍出版社，2011.

14 中华书局编辑部编. 宋元方志丛刊 4[M]. 北京：中华书局，1990.

15（宋）孟元老著. 东京梦华录 都城纪胜 西湖老人繁胜录 梦梁录武林旧事 [M]. 北京：中国商业出版社，1982：13。园苑记："南山长桥则西有庆乐御园。旧名南园。"

16 同注 14.

17《四朝闻见录》点校说明称："叶绍翁，字嗣宗，号靖逸。自署龙泉人。《四朝闻见录》甲集"庆元六君子"条载，庚辰（1220）京城灾，论事者众，周端朝语绍翁曰："子可以披腹琅轩矣。"绍翁曰："先生在，绍翁何敢言。"同集"词学"条又载绍翁与真德秀私校徐凤殿试卷一事。据此，《四库全书总目提要》云："绍翁'似亦尝为朝官，然其所居何职则不祥矣'。"北京中华书局，1989：1。

18 攻媿楼公，指楼玥，1137年至1213年。南宋明州鄞县人。字大防，号攻媿主人。

19 叶绍翁，沈锡麟、冯惠民点校.四朝见闻录戊集[M].北京：中华书局，1989：188.

20 叶绍翁，沈锡麟、冯惠民点校.四朝见闻录戊集[M].北京：中华书局，1989：185.

21 曾枣庄，刘琳主编.全宋文.第223册[M]，上海：上海辞书出版社.2006:143.

22 同上。

23 吴自牧撰.梦梁录：卷十九[M].北京：商务印书馆，1967：175.

24 同上。

25 叶绍翁，沈锡麟、冯惠民点校.四朝见闻录戊集[M].北京：中华书局，1989：184-188.

26 叶梦得著.避暑录话.一至二册[M].北京：中华书局，1985.

27 方晓风.对偶与造园[J].装饰，2021(02):12-16.

28 何晓静.宋人园记的传承价值——以《洛阳名园记》为中心[J].创意设计源，2020(05):38-42.


参考文献：

[1] 童寯.江南园林志（第二版）[M].北京：中国建筑工业出版社，1987.

[2] 钱仲联，马亚中主编.陆游全集校注，渭南文集[M].杭州：浙江教育出版社，2011.

[3] 邹志方.陆游研究[M].上海：上海人民出版社，2008.

[4] 周密.周密集[M].杭州：浙江古籍出版社，2012.

[5]（清）朱彭，南宋古迹考，杭州掌故丛书[M]，杭州：浙江人民出版社，1983.

[6] 吴自牧撰.梦梁录[M].香港：商务印书馆，1967.

[7] 叶绍翁，沈锡麟、冯惠民点校.四朝见闻录[M].北京：中华书局，1989.

[8] 鲍沁星.南宋园林史[M].上海：上海古籍出版社，2017.

[9] 顾凯.明代江南园林研究[M].南京：东南大学出版社，2010.

[10] 何晓静.范成大的园林与山水观念创意与设计[J].2019（3），65-70.

[11] 顾凯.中国传统园林中的景境观念与营造[J].时代建筑，2018（4）：24-31.

[12] 何晓静.南宋江南园林的意象与表达[J].学术界，2018（7）：164-172.

# 园在山中

## 再探张南垣叠山造园的意义与传承

顾　凯

## 一　引　论

假山在中国园林中地位显著，如孟兆祯指出："中国古典园林以自然山水园著称，这就决定了假山成为中国园林主要组成部分的地位。"[1]假山的堆叠营造，经过长期的发展而形成高度技艺，如童寯认为"叠山为吾国独有之艺术"[2]。对于假山营造的目标，当代园林学者普遍认同要追求自然效果。如刘敦桢在《苏州古典园林》中提出："叠石造山，无论石多或土多，都必须与山的自然形象相接近，这是它的基本原则。"[3]又如陈从周认为，"叠山理水要造成'虽由人作，宛自天开'的境界……要使园林山水接近自然"[4]。杨鸿勋《江南园林论》也有类似认识："就园林艺术来说，山不在高，而以得山林效果为准则。"[5]这些前辈学者的论断已是学术界的基本共识，甚至成为对传统造园认知体系的基础。

然而也要看到，在造园的历史、遗存乃至现实中，还存在与此原则相背离的情况，这往往不能简单用水准高下来解释。

对于园林史的情况，曹汛指出历史上曾经一度流行"小中见大，写意地缩小比例""尽量往小叠造"的假山营造方式，这种类似盆景营造的思路，至今仍有影响 [6]78。王劲韬从营造材料的视角，也得出了历史上有叠山风格变化的结论 [7]。笔者的研究也发现，历史上也有与注重自然真山整体效果差别很大的、更关注峰石的动势叠山传统，这种欣赏方式和营造方法也一直有延续 [8]。可见历史上存在多样性的状况，并非都是以"自然形象""山林效果"为直接追求。

在今天可见的园林遗存中，"所谓'假山'者，多数只是用石块做饾饤构架，一味追求瘦、漏、透……可称为佳妙者寥寥无几"，虽有如环秀山庄假山等具有自然境界的佳作，"但可惜此等精品实在太少"[9]135-136，而追求奇石趣味的叠山实例则大量存在（典型如"九狮山""五峰园"等），可见传统假山遗存往往与历史上的多样性相关，往往并不以接近自然为其目标，能真正形成自然山林效果的反而较少。

当代的传统风格造园正有复兴之势，假山营造数量越发增多，然而"成功的作品不是很多，得到专家学者认可的精品更是无几，这是备受关注和不争的事实"[10]，这一方面存在匠师技艺的问题，"园林叠石师的奇缺可谓一将难求"[11]，另一方面也有认识标准混乱的问题，"缺少假山工艺技术评判鉴定标准"[10]。可以看到，大多数的营造离专家学者眼中的自然境界要求还相去甚远，其中固然有技法高下的问题，然而比技法更为根本的问题则在于假山营造目标的指导思想。从即便较为专业的现实叠山实践来看，尽管也有部分追求自然感的佳作，但大量作品还是延续了类似历史假山遗存的方式，往往更重石的欣赏而偏离了对自然山林境界的追求，说明在行业界还没有对营造目标取得共识，而是存在多样化的局面。

这种历史及当代的营造现实与前述学者理论认识间的差异，

可以引发我们的进一步思考和探究。与当代学者有明确的园林假山审美标准不同，主导营造的大量匠师往往跟随具体的地域性或派别性营造传统，从而形成具有多样性风格的作品，而与理论呈现出较大差距。那么，如何更为有效地认识园林叠山的高品质目标与现实营造状况之间的关系，从而更好地为当代传统风格园林假山营造的普遍水准提高提供指引？

对此，对历史上优秀叠山造园家的更深入理解可以提供非常有价值的典范性认识。被历史所认可的杰出匠师不仅有高超的技艺，而且有深刻的见解，观念与技艺是浑然一体的，充分考察其指导思想以及实现技艺，可以树立认知的标杆既而使之成为当代营造的参考。

明末清初的张南垣，无论在历史上还是在当代学术界，都被公认为最杰出的叠山造园大师。曹汛已为我们提供了一个坚实的认识基础，不仅详细地呈现了张南垣的生平事迹与作品特色 [12-14]，并且将张南垣置于整个中国叠山造园史中，将其作为其中"第三阶段"的创始人 [6]82。以此为基础，本研究将进一步关注张南垣面临的问题与应对策略，从思想与技艺的关联角度认识其叠山艺术特色，并在更大范围的历史文化脉络中考察其意义，通过历史的比较来认识与其他叠山方法的差异，从而对中国传统叠山造园的最高理想和实现途径有更为清晰的认识；进而分析其思想及技艺在此后直至今日的传承，在结合历史及当代状况的认识中，探寻其对当代设计营造的意义。

## 二 张南垣所面临的叠山造园问题

曹汛将中国古代园林叠山艺术的发展演变划分为三个阶段，其中的第三阶段由张南垣所开创，而在此之前，则经历了以尺度上效法真山而"有若自然"为特点的第一阶段（在秦汉至南北朝为普遍)以及以尽量往小叠造而"小中见大"为特点的第二阶段(唐宋以来流行) [6]74-78。曹汛的这一分期仍然是当代认识中国假山营造史的基本框架,对张南垣的认识就需要进入在他之前的第二阶段后期。

张南垣的叠山造园活动是从 17 世纪前期开始,首个得到明确记载的成名作是 1620 年开始营建的太仓乐郊园 [15],此时已是晚明后期。确实,在明代前、中期,还往往可见类似"聚拳石为山"、缩小比例的园林小山营造 1,不过在 16 世纪中后期的江南,造园得到了迅猛的发展,假山成为突出的营造内容,那种典型的仅供外在观赏的"累土叠石"小山营造已不多见,更大量得到记载的则是复杂的叠石成山,往往人能登游,并有可入内穿行的山洞营造,同时在假山上树立大量石峰,这种叠山在万历四年(1576)已主体完成的太仓弇山园中达到顶峰 2。可以看到,在张南垣之前造园叠山的状况,已经远远超出了"小中见大,写意地缩小比例""尽量往小叠造"的假山营造方式,曹汛从长时段概括而来的"第二阶段"还是过于简略,如果放大时间尺度来细看,还可见更复杂的情况。

那么 16 世纪以来已经高度发达的造园叠山究竟有怎样的问题?张南垣为什么要大力变革?对此,与张南垣熟识的吴伟业在《张南垣传》中有这样一段叙述:

> 百余年来,为此技者类学崭岩嵌窦,好事之家罗取一二异石,标之曰峰,皆从他邑辇致,决城堙,坏道路,人牛喘汗,仅而得至。络以巨絙,锢以铁汁,刑牲下拜,刬颜刻字,钩填空青,穿窦岩岩,若在乔岳,其难也如此。而其旁又架危梁,梯鸟道,游之者钩巾棘履,拾级数折,伛偻入深洞,扪壁投磎,瞪眄骇栗。南垣过而笑曰:是岂知为山者耶!今夫群峰造天,深岩蔽日,此夫造物神灵之所为,非人力所得而致也。况其地辄跨数百里,

而吾以盈丈之址，五尺之沟，尤而效之，何异市人抟土以欺儿
童哉！[17]1059

在张南垣看来，此前的叠山以奇峰怪石为重点内容，不仅靡
费无当，更是无法营造出"群峰造天，深岩蔽日"的天然效果，同时，
为了在有限的用地内模仿出尽量多的山景（"以盈丈之址，五尺
之沟，尤而效之"），所营造的"危梁""鸟道""深洞"是难以符
合人的舒适游赏体验的（"钩巾棘履……瞪眄骇栗"）。

张南垣对以往叠山方法的批评，不只是形式或内容上的，更
反映出他认识到以往叠山在营造观念和方法上的重要问题。明代
中叶以来，随着社会经济的发展、园林文化的繁盛，对园林假山
在体验方面的要求越发提高，园林叠山远已超越更早期"累土叠
石"而成简单小山的外在观赏而越发复杂，然而指导营造的根本
审美方式仍然是以往的思路：虽然峰石越发奇特名贵，却还是"拳
石为山"思路的延续，只是数量增多、体量增大、形态更奇而已，
与山林体验关系不大；虽然增加了人能行游体验的洞壑飞梁等山
径内容，但假山总体上仍是对自然大山加以缩小的思路——由于
要模拟大山而与越发紧张的有限园林用地产生矛盾，不得不缩小
比例，而对真山尺度的缩小则带来进入游赏体验与真山感的不符
及人体的不适。

## 三　张南垣的应对策略与营造特色

张南垣不仅深刻地认识到以往叠山的问题所在，还给出了他
的解决方法：

惟夫平冈小阪，陵阜陂陁，版筑之功，可计日以就，然后错
之以石，棋置其间，缭以短垣，翳以密篠，若似乎奇峰绝嶂，累

累乎墙外，而人或见之也。其石脉之所奔注，伏而起，突而怒，为狮蹲，为兽攫，口鼻含呀，牙错距跃，决林莽，犯轩楹而不去，若似乎处大山之麓，截溪断谷，私此数石者为吾有也。方塘石洫，易以曲岸回沙；邃阆雕楹，改为青扉白屋。树取其不凋者，松杉桧栝，杂植成林；石取其易致者，太湖尧峰，随意布置。有林泉之美，无登顿之劳，不亦可乎！[17]1059-1060

张南垣完全没有提及以往所重视的峰石，显然因其对山林体验并无多大作用而放弃，这解决了以往造园中因购买、运输、安置奇峰怪石带来的花费无度与技术困难等问题；对于假山主体，则大量采用土山点石的方式——土山容易营造（"版筑之功，可计日以就"），点石不需要讲究品种（"石取其易致者，太湖尧峰，随意布置"），就更加简易而节省。而更重要的是，他的主要营造思路，则在于完全放弃了在园林中对大山的完整模拟，而是取冈坡等局部，以真实的比例加以呈现（"平冈小阪，陵阜陂陁"），这样就既解决了园林面积有限、难以置入大山的问题，又解决了人对缩小比例的山体带来的游观感知不适的问题。那么仅仅通过"平冈小阪，陵阜陂陁"如何来给人以天然大山之感？张南垣在此显示出天才的创造力：通过以围墙、竹林等在后部遮挡的方式（"缭以短垣，翳以密篠"），让人产生还有大山在后绵延的错觉（"若似乎奇峰绝嶂，累累乎墙外"）、而面前呈现的似乎仅仅是大山伸入园中的一部分坡麓（"若似乎处大山之麓，截溪断谷，私此数石者为吾有也"），充分调动人的联想，从而让人感受真山境界。为此，非常重视营造出山体脉势（"石脉之所奔注"），这不仅能产生山的整体感以及具有生命力的动感（"伏而起，突而怒"），而且极好地服务于大山绵延的错觉、让人感受到山势在园内外的贯连。总体而言，张南垣叠山的基本方法特点，如曹汛总结"以真实尺度再现真山大壑的一角，假山真做颇有真意"[14]329，不再完整模拟完整的真山大壑，而只是营造局部，更加简易、节省，但所达到的效果却不只是局部的，而是能让人感受和联想到更广阔的山体在园外，这个境界是极为宏大的。

结合更多的文献，我们还可以进一步看到这种营造方法在视觉形式和境界体验两方面的深层次特色。

对于视觉形式方面，吴伟业《张南垣传》还有这样一段描述：

> 华亭董宗伯玄宰、陈征君仲醇亟称之曰：江南诸山，土中戴石，黄一峰、吴仲圭常言之，此知夫画脉者也。[17]1060

张南垣的假山营造方式有着"土中戴石"的特点，这让当时的文化领袖董其昌和陈继儒从中看出了元代画家黄公望和吴镇的风格，发出"知夫画脉"的赞叹。对张南垣作品中的画意效果，当时的人有大量相关记载 3，各种后来的记载和方志中类似的叙述就更多，也可见这种认识的普遍。不过，如果以笼统的"画意"来认识张南垣的特点就难以认识到他的独特之处，因为画意叠山并非他的独创，在他之前，如张南阳、周丹泉等人就已经是采用画意营造假山而得到认可的高手 [18]。而张南垣的"能知画理"在于：一方面，与"平冈小阪，陵阜陂陁"的土山点石方法一致，更重视营造出如黄公望、吴镇等元人笔意的简远、天然；另一方面，"张南垣与前人不同，前人追求的是具体的手法和细节，张南垣追求的主要是在意境方面"[13]6，这不在于直接、完整的如画呈现，而是"在一个小景中便可看到世界的全体"[19]，通过局部营造的简省之笔、脉势营造的不绝之韵，从而达到大山绵延感受的"象外之境"，是更高层次的画理运用。

对于游观体验，在后人对张南垣的评价中，多有"如入岩谷""犹居深谷"之语 4，表明了其对身体浸润其中的进入式真山水体验的极大重视，这已成为其标志性的成果，其营造已从"景"

提升到"境"[20]。而这其实也正是一种更为深刻的画意造园，正与注重精神性漫游的山水画意追求所一致，是计成在《园冶》所推崇的"拟入画中行"[21]。可以看到，在张南垣这里，"知夫画脉"的视觉形式和"如入岩谷"境界体验是紧密关联的，黄宗羲《张南垣传》中所谓：

> 荆浩之自然，关仝之古淡，元章之变化，云林之萧疏，皆可身入其中也。[22]

正是对二者关联的极好描述。

这一叠山新法获得了巨大成功，时人多有极高评价 5，且形成"张氏之山"的专称 6。然而"张南垣的造园叠山作品一体无存"[14]374，今天我们无法通过现有遗存来领略，但仍有一些间接认识的途径。如作为张南垣早期成名作品的乐郊园[15]126，有沈士充所绘《郊园十二景图》册，从其中的"竹屋"（图1）等图像中可大致了解"缭以短垣，翳以密篠"的方式，虽不见外部而有大山往园内延伸的感受。又如张南垣的侄子张鉽作为张氏传人主持了清初寄畅园的山水改筑，今日所见的山水格局面貌仍是当时所奠定，这一改筑有两大杰出成就——视觉效果上的真山之隅与山水画意（图2），以及游观体验上如入岩谷的真山之境（图3），虽历经沧桑变迁，在今日寄畅园中仍能真切感受，这在笔者另文中有详细分析[23]。

## 四 张南垣叠山造园的历史意义

张南垣叠山造园的思路与方法，回应晚明时期特定情境下的问题，开辟了新的道路，正如曹汛所总结的"开创了一个时代，创新了一个流派"[12]21。然而张南垣的意义还不止于此，这就要

图1 《郊园十二景图·竹屋》，台北故宫博物院藏

图2 寄畅园从池东隔水西望，顾凯摄

图3 寄畅园八音涧局部，顾凯摄

将其纳于更长的时段，在更广阔的园林史中，尤其从山水审美的深层视角来加以认识。

中国园林中明确的人工叠山从秦汉已出现，无论是出于神仙崇拜还是收纳天下[24]，叠山都是极大规模的，是"整个地摹仿真山，面面俱到，尺度则尽力接近真山"[13]2，形态上与真山相仿，也能从中感受自然真山境界，"有若自然"是当时对这种造山的常用描述7。从中国园林叠山的起始阶段，山的真实自然效果就是重要追求。

六朝以来，随着士人"自然审美意识的觉醒"，山水"已成为人们精神生活所向往的一种自由境界"[26]，游居于山水之间可获得身心滋养而"如鱼得水"[27]，从此，山水成为中国传统审美文化中极具特色的内容，也成为文人士夫"诗意栖居"的理想所在[28]。对山水栖居的迷恋，一方面使士人纷纷进入山林，从谢灵运到王维都有大量山居的例子，另一方面则在城市中再造山水、模拟山林。对于园中造山，以往的真山境界营造需要有足够用地和财力的支撑，这是一般士人所无法拥有的。正如曹汛所论证，士人开始青睐小园，催生了微缩性"假山"的诞生，并发展出与这种营造方式相匹配的象征性欣赏方式[6]77。这与白居易提倡的"适意"欣赏所一致，重在从景物中获得内心与天地自然的沟通，是一种个人性的审美方式[16]29。笔者曾有另文论述，如太湖石这类奇峰怪石，既象征着山岳，又能从中获得内在生机，也被很好地纳入这种小型假山营造的审美中，因而"累土聚石"成为常见营造方式[8]18。从而，以唐代小山为典型，园林山水营造主要在于微缩模拟的外在观赏以及从中引发的精神满足。

然而相较于早期园林中的大型真山模拟，这种象征性的小型假山营造毕竟有局限，就是只能作外在观赏，而无法营造出能身体进入体验的山水境界，仅依赖心灵的畅想固然是一种可行手段，但身心一体的体验才是山水栖居更理想的目标；况且精神性的想象需要高度的修养，而士人精英毕竟是少数，当园林文化向全社会扩展，仅供外在观赏的小型叠山就无法满足要求。其实，魏晋之后的如真山般可游赏体验的大型叠山并未断绝，如曹汛所论，"皇帝、贵戚、大官僚，有这种条件、有这种癖好的仍然还在叠造这种大家伙"[6]75，唐代安乐公主园中的大规模叠山、宋代徽宗皇帝营造艮岳，仍然是这种"自然主义"作品。而在士人园林中，在财力等条件允许时，还是会营造可入体验的假山，如在南宋，诸多达官显贵的园林往往有可入内游观的假山。林景熙《王氏园亭记》所述绍兴王氏园中，"聚石为假山，石多太湖、昆山、灵璧、锦川之属，崒嵂岑崟，盘纡蒙郁"，这是常见的小型化"聚石为山"的思路；与此同时，又有"观者缘丹石之梯，穿苍苔之径，扳跻而上，登绝顶，履层峦"[29]，营造出登游的体验。人可入内的山洞营造也往往成为特色，如临安杨和王园中"假山洞景堪称一绝，均为人工堆琢，洞内屈曲通行"[30]。可见私家造园中对可进入体验的假山营造的各种尝试和发展，这也成为明代中后期大型石假山的先导。

如前所述，到造园文化极为繁荣的晚明，审美追求与营造方法间的矛盾终于越发突出。这些营造既保留了对真山整体缩小的思路，峰石的象征性欣赏是其中重要组成，同时又追求人体进入的体验，而这在根本上有着对真实山林感受的要求，因而以往的做法就显得局促而不够天然。这种矛盾也体现于当时文人的不满，如莫是龙就在《笔麈》中说"余最不喜叠石为山，纵令纡回奇峻，极人工之巧，终失天然"，谢肇淛则批评奇石假山"无复丘壑自然之致"[13]3。

置于这样的历史发展脉络中，张南垣的叠山造园思想和方法就有了更大的意义。在审美上，他完全放弃了那种象征式的"小中见大"欣赏，而是重视直观的审美感知，关注可以真实体验的山林境界的呈现，接续了山水园林在诞生之初就秉承的理想追求；

在营造上，以其创造性地利用山水画"象外之境"的创作方法，
通过"土中戴石""截溪断谷"等简要手段，获得"若似乎奇峰绝嶂，
累累乎墙外"的丰富效果。从而山水景象可在有限城市用地中较
小成本地而又如在眉睫地真实呈现，并且有着余意不尽的极高艺
术品质。当代叠山匠师方惠总结，比起以往把整体大山缩小表现
的"小中见大"式叠山，这是一种"通过有限表现无限"的"以
少胜多"[31]。同时，由于营造的仅是真山局部，就没有缩小尺度
的问题，可以供人从容进入、游观，从而由"景"入"境"，获
得更出色的山水栖居体验。

　　进一步来看，张南垣的叠山营造，还不仅在于假山及其游赏
本身，更在于整体的山居生活。吴伟业《张南垣传》中还有这样
的叙述：

　　初立土山，树石未添，岩壑已具，随皴随改，烟云渲染，补
　　入无痕。即一花一竹，疏密欹斜，妙得俯仰。山未成，先思着屋，
　　屋未就，又思其中之所施设，窗棂几榻，不事雕饰，雅合自然。[17]1060

　　张南垣不仅善于堆叠假山，而且对园林中的其他内容如植物、
建筑乃至陈设等都一一有深入的整体考虑，即曹汛所说："张南
垣在园林建筑和园林花木方面，也都是精深的行家。在造园艺术
的领域中，张南垣是个全才。"[13]17 这也说明，张南垣所在意的不
仅仅是叠山本身，而是通过综合一体的考虑，真正使园林获得完
整的山林境界，从而真正实现中国文化中长久以来的山水栖居理
想。他要实现的并不只是园林中的一座假山，而是远远超越于此，
"曲岸回沙"的水体、"青扉白屋"的建筑和"杂植成林"的花木
等各种景物都由山所统合，使得整个园林生活都如同在真山之中。
"若似乎处大山之麓，截溪断谷，私此数石者为吾有"之语也体
现出要达到先有山林、而后依山建园之感。如方惠所说，张南垣

要追求的不是"山在园中",而是"园在山中"[32]。

可以看到,张南垣叠山造园的历史意义,不仅在于应对了此前园林假山营造中的具体问题、开创了新的风格与流派,更在于理清了深层的山水审美境界取向,并以其创造性的"以少胜多"方法和综合性的营造,使造山不再只是园林中的一项内容,而是成为整个园林的根本承载,从而营造出"园在山中"的整体山水境界,这是中国园林艺术在当时所能达到的最高水准,是中国文化中的山水栖居理想在城市园林中最高程度地实现。

## 五　张南垣叠山造园方法的传承与发展

张南垣的叠山造园在当时文人精英阶层得到极大认可而名望卓著[8],当时学习他的人自然不在少数,然而吴伟业《张南垣传》中提道:

> 人有学其术者,以为曲折变化,此君生平之所长,尽其心力以求仿佛,初见或似,久观辄非。而君独规模大势,使人于数日之内,寻丈之间,落落难合,及其既就,则天堕地出,得未曾有。[17]1060-1061

其他努力向他学习的匠师只是模拟外在的风格形式,难以领会内在的精神旨趣而达到张南垣般的杰出效果。这也说明张南垣的营造虽然貌似简易,实则要求极高:因为境界感受的生成依赖匠师个人的修为,方法的核心在于境生象外的内在艺术原理而非外在形式,其营造完全不是程式化的,每个作品都需要独具匠心的创造力,所以对其方法的学习难度极大。张南垣的高超技艺与其成果的极佳品质,非常人所能企及。

随着明清易代后社会的陡变和风气的变化,明末江南文人精英阶层中掀起的造园新潮,入清后随着一代遗民的凋零而渐趋沉寂；虽然在张南垣的精心培养下，他也多有子侄传承其思想与方法，然而数代之后，就不再有传人，"张南垣这样的大师，后来逐渐被人淡忘"[13]7。明末出现的园林假山欣赏与营造的新潮，并未能扭转数百年来积淀形成的普遍审美与营造传统。从历史文献、园林遗存乃至今日营造现状来看，更早期常见的以峰石欣赏和径洞游观为内容特点、以"小中见大"的整体性模拟为欣赏方式、总体呈现为"山在园中"的叠山方法，以其相对程式化的便利、符合长期以来的普遍审美，仍然得到大量延续；尽管少有被广泛认可的名作，在数量上却是占主导的。

尽管如此，在当时及后世的一些优秀造园家那里，张南垣的叠山还是作为杰出的榜样而获得认识上的接受和实践上的传承，甚至有所发展。曹汛指出："《园冶》中有一些造园叠山主张，正是受了张南垣的影响。李渔生在张南垣之后，更明显是受到张南垣的影响。不仅计成和李渔，当时和以后有许多人都受了张南垣的影响。"[12]26 以下就计成、李渔等多位历史上的乃至当代的叠山造园师进行分析，深入认识他们对张南垣的传承情况。

如曹汛所考证，计成比张南垣大 5 岁，但进入造园叠山行业的时间要晚，"中岁归吴"约在天启初年[33]，此时张南垣已被王时敏称为"巧艺直夺天工"，正在主持太仓乐郊园的改造营建[15]27；而写作《园冶》已是至少十年之后，此时张南垣更已声名远扬。在《园冶》中对叠山的叙述有较多篇幅，其中多有与张南垣一致之处，很可能受到张南垣的影响，这大约有以下几方面：一是反对罗列峰石，批评"排如炉烛花瓶，列似刀山剑树，峰虚五老"[34]206；二是主张用土及土中有石，如"构土成冈，不在石形之巧拙""结岭挑之土堆，高低观之多致；欲知堆土之奥妙，还拟理石之精微"[34]206；三是"主张堆叠一些真实尺度的大山的片断"[6]81，获得真实的身临其境之感，如"墙中嵌理壁岩，或顶植卉木垂萝，似有深境""未山先麓，自然地势之嶙嶒"[34]206，这已经是典型"张氏之山"的思路和手法，是获得"园在山中"境界的极佳途径。当然也要看到，除了与张南垣的一致之处，《园冶》中还有大量其他的内容，体现出计成造园认知的丰富性。[35]

李渔的主要活动在清初，与张南垣有时代的重叠。他自称"生平有两绝技"，其一就是"置造园亭"[36]156；而他本人也有多座造园的实践[37]，并且在其《闲情偶寄》中多有真知灼见，其中叠山的文字非常丰富，有明显的张南垣的痕迹，且有新的发展。与张南垣相一致，李渔批评了试图将大山全景缩放于园林之中的做法（"从未见有盈亩累丈之山，能无补缀穿凿之痕，遥望与真山无异者"[36]196），提出不应观假山全景，而是"但可近视""逐段滋生"地关注局部。并且，他给出了张南垣式的土山做法以获得真山之感（"用以土代石之法，既减人工，又省物力，且有天然委曲之妙，混假山于真山之中"[36]197）。李渔还延续着张南垣通过局部营造以获得真山感受的思路，创造性地提出了仰观石壁以获得大山之感的做法（"其体嶙峋，仰观如削，便与穷崖绝壑无异……有一物焉蔽之，使座客仰观不能穷其颠末，斯有万丈悬岩之势"[36]199）。这一通过对局部的模仿营造，让人获得有高大真山在其后的联想感受，方惠称之为一种"局部寓意全景"[31]12，这是继张南垣"缭以短垣，翳以密筱"加以遮挡的"通过有限表现无限"后，又一"以少胜多"而获得"园在山中"效果的有效方式。

清代乾隆至道光年间，江南地区又出现了一位造园叠山名家戈裕良，著名文人洪亮吉将其与张南垣并提，称二人为"三百年来两轶群"，其生平与作品已得到曹汛的细致研究[38]。戈裕良虽在当时有盛名，但并无自己的文字留存，少量的文献记载中也并无他对自己叠山思想和方法的阐明[9]。幸而他有作品存世，其中以苏州环秀山庄假山保留较为完好，极好地展现着其杰出叠山技艺，被学术界公认为品质最高的假山遗存，如潘谷西称其为"江南第一山"[9]182，陈从周也称"造园者不见此山，正如学诗者未见李、杜"[4]50。从环秀山庄假山中，我们可以看到他正承续着张南垣的一些重要的叠山思路：假山的东、北两侧树立高墙（图4），发展了张南垣"缭以短垣，翳以密篠"以遮挡外部的做法，效果上令人联想到山势从外侧绵延奔注而来，而所见仅为纳入园内的大山一角，正是"通过有限表现无限"的"以少胜多"；而也正由于表达只是大山的部分而非全体，此假山追求的是真实山体尺度，并完全放弃了在山上树立石峰。根据刘敦桢《苏州古典园林》书中对环秀山庄旧时平面的复原图（图5），在假山隔水的南侧有廊，那么人在廊中观山时，抬头仰对峭壁，正是李渔承续张南垣而发展出的"仰观不能穷其颠末，斯有万丈悬岩之势"的大山感方法。而除了视觉上观山的效果，戈裕良更以其高超的叠石技艺，营造出人可入山内腹游赏的山涧、山洞、山径等丰富而精彩的内容，这吸收并发展了长久以来以石为主的假山在游观体验方面的追求，同时由于是对局部真山尺度的再现而不再有早期缩拟石山中的局促，从而发挥了石假山在山体内容表现力上的长处并又大大改善了体验，真正达到"虽在尘嚣中，如入岩谷"的效果，是对张南垣以土为主营造假山的又一大发展。

除了以上造园师之外，张南垣的造园思想在许多文人那里也有影响力。如清中期的沈复，在其《浮生六记》中提及"或掘地堆土成山，间以块石，杂以花草，篱用梅编，墙以藤引，则无山而成山矣"[39]27，用土山间石、篱墙隔后，而从"无山"感受到"成山"，也正是张南垣的典型做法思路。也正是受到张南垣重真山感、反对立峰为山与局促游赏的影响，沈复批评狮子林"以大势观之，竟同乱堆煤渣，积以苔藓，穿以蚁穴，全无山林气势。以余管窥所及，不知其妙"[39]176。正是延续这一思路，当代诸多园林学者对沈复的评价极为赞同[8]123，而本文开头所引述的当代对园林假山营建目标的认识也正与之一脉相承。

在当代，扬州叠山匠师方惠也正在有意识地传承张南垣的造

图4 环秀山庄假山，
顾凯摄

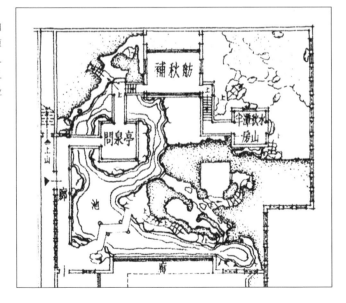

图5 《苏州古典园
林》中环秀山庄复原
平面图，引自刘敦桢.
苏州古典园林 [M].
北京：中国建筑工业
出版社，1979：444.

园思想与方法。他通过大量观摩历史叠山作品和深入研习园林叠山历史，总结出"小中见大"与"以少胜多"两类叠山，以及各自所产生的"山在园中"与"园在山中"的不同效果，并鲜明地认同以张南垣为代表的后者为园林假山的最高追求。以此为叠山创作的主要目标，他进一步发展出极具特色的"三度"（高度、深度、厚度）取向以及与之相配合的"取阴"方法，这些成为他实现理想真山效果的有效途径[31]21-22。他的诸多实践作品（图6、图7、图8），也正是将"以少胜多"为方法指引，以"园在山中"为目标追求，真正获得了"山林效果"的极佳体验，从而在当代新营造的园林假山中，体现着对张南垣叠山造园的传承和发展。而与此同时，他也并未完全排斥"小中见大"的叠山法，而是在一些难以实现"以少胜多"造山的特定条件下（如周围高楼环视而无法实现遮挡、视距较远而无法避免一览无余）也可以采用，实现类似盆景的效果，这又是一种新的发展。[40]

## 六 结 语

张南垣以其独到的"张氏之山"营造方法，针对此前园林叠山的审美与营造之间的内在矛盾，抛弃象征式再现而以真山境界为目标，通过"以少胜多"的手法而达到"境生象外"的画意效果、获得"园在山中"的山水体验，从而出色地实现了中国文化中的山水栖居理想。张氏叠山在中国园林史上的意义，不仅在于所达到的造园艺术成就和引发的造园风格变革，还在于造园追求上的高度以及其创新方法同这一目标的极佳匹配，是园林史发展至当时所能达到的最具艺术审美价值和实践可操作性的造园方法，为后世树立了杰出典范。尽管张氏叠山之法后来因其本身难度以及社会变化而不再成为普遍选择，但其审美思想仍在延续，且仍有优秀造园师对其造园方法加以传承并有发展，张氏叠山的旺盛生

命力绵延不绝，其艺术魅力也在继续展现。

当然也要看到，这并非要将当代叠山造园的标准定于一尊，而是对中国园林假山营造艺术的根本思路加以理清。由于中国园林的多样性，园林假山的营造方法并非唯一，重视峰石欣赏的"动势叠山"也有其特色，"小中见大"假山营造思路在特定情况下也有其适用性，在园林遗产保护中更应精心维护早期的营造特点。在尊重历史、承认多样性存在的同时，我们仍要看到，"张氏之山"最能体现中国文化的山水栖居理想而最具艺术审美价值，历史上对其方法的传承及发展也呈现了实践上的可操作性，尽管对匠师的修养和技艺有较高的要求，却可以为今天高品质的叠山造园提供最佳的指引。

（感谢方惠、梁洁、查婉滢、戴文翼、应天慧对本文的帮助！）

注释：

1 如张宁《一笑山雪夜归舟记》中"高旷未满寻丈，而欲拟诸大山""庶几一拳广大之意"的方洲草堂"一笑山"（参考文献 [16]：63）；16 世纪初沈祐《自记淳朴园状》中有："主人累土叠石，为'一拳山'。"（参考文献 [16]：90）

2 其中有"西弇""中弇""东弇"3 座大假山，营造出峰、岭、涧、洞等多样的可作游观的奇特山水景致，其中尤其以树立大量的奇峰为突出的欣赏内容，王世贞在《弇山园记》中有详细描述，且不厌其烦为诸石峰一一取名（参考文献 [16]：128）。

3 如崇祯九年（1636）李雯《张卿行》中有："能知画理更绝倒，荒丘数日成林泉。"清初王士祯《居易录》记述："张南垣以意为假山，以营邱、北苑、大痴、黄鹤画法为之，峰壑湍濑，曲折平远，巧夺化工。（参考文献 [13]：4）"

4 如戴名世《张翁家传》中"君治园林有巧思……虽在尘嚣中，如入岩谷"（参考文献 [13]：5），兰瑛、谢彬纂辑《图绘宝鉴续纂》中有"半亩之地经其点窜，犹居深谷"（参考文献 [13]：4）。

5 如康熙《无锡县志》有："云间张南垣琏，累石作层峦浚壑，宛然天开，尽发前人成法，以自名其家，数十年来，张氏之技重天下。"（徐永言修，秦松龄、严绳孙纂．无锡县志·卷七 [M]．康熙二十九年刻本．）

6 陆燕喆《张陶庵传》有："南垣先生擅一技，取山而假之，其假者，遍大江南北，有名公卿间，人见之，不问而知张氏之山（参考文献 [13]：4）。"

7《后汉书》记载梁冀园："十里九阪，深林绝涧，有若自然。"《洛阳伽蓝记》所记载的北魏张伦景阳山，不仅有"重岩复岭，嵚崟相属；深蹊洞壑，逦迤连接"的真山形态，也有"高林巨树，足使日月蔽亏；悬葛垂萝，能令风烟出入。崎岖石路，似壅而通，峥嵘涧道，盘纡复直"的真山境界体验，"游以忘归"的游赏效果是"有若自然"的重要部分（参考文献 [25]）。

8 如"群公交书走币，岁无虑数十家"（吴伟业《张南垣传》）、"三吴大家名园皆出其手"（黄宗羲《张南垣传》）；"他的事迹后来被写入《清史稿·艺术列传》，纵观我国二十五史，以造园叠山艺术成名，得以写入正史列有专传的，只有张南垣一人而已。"（参考文献 [14]：327）

9《履园丛话》中有关于戈裕良在假山洞顶技术方面的记述，但与总体思路无关。


参考文献：

[1] 孟兆祯．假山浅识 [M]// 科技史文集（二）建筑史专辑．上海：上海科学技术出版社，1979：120．

[2] 童寯．江南园林志（第二版）[M]．北京：中国建筑工业出版社，1987：9．

[3] 刘敦桢．苏州古典园林 [M]．北京：中国建筑工业出版社，1979：20．

[4] 陈从周．园林谈丛 [M]．上海：上海文化出版社，1980：1-2，50．

[5] 杨鸿勋．江南园林论 [M]．上海：上海人民出版社，1994：26．

[6] 曹汛．略论我国古代园林叠山艺术的发展演变 [M]// 建筑历史与理论（第一辑）．南京：江苏人民出版社，1980：74-85．

[7] 王劲韬．中国园林叠山风格演化及原因探讨 [J]．华中建筑，2007（8）：188-190．

[8] 顾凯．"九狮山"与中国园林史上的动势叠山传统 [J]．中国园林，2016，32（12）：122-128．

[9] 潘谷西．江南理景艺术 [M]．南京：东南大学出版社，2001：135-136，182．

[10] 孙俭争．苏州假山传统工艺传承提高迫切需要解决的几个问题 [J]．古建园林技术，2007（4）：59-60．

[11] 楼建勇. 浅析当代园林中叠石造山中存在的问题 [J]. 现代园艺，2011（13）：75.

[12] 曹汛. 造园大师张南垣（一）:纪念张南垣诞生四百周年 [J]. 中国园林，1988（1）：21-26.

[13] 曹汛. 造园大师张南垣（二）:纪念张南垣诞生四百周年 [J]. 中国园林，1988（3）：2-9.

[14] 曹汛. 张南垣的造园叠山作品 [M]// 王贵祥，主编. 中国建筑史论汇刊 · 第 2 辑. 北京：清华大学出版社，2009：327-378.

[15] 顾凯. 明末清初太仓乐郊园示意平面复原探析 [J]. 风景园林，2017，25（2）：25-33.

[16] 顾凯. 明代江南园林研究 [M]. 南京：东南大学出版社，2010：63，90，128.

[17] 吴伟业. 吴梅村全集 [M]. 上海：上海古籍出版社，1990：1059-1061.

[18] 顾凯. 画意原则的确立与晚明造园的转折 [J]. 建筑学报，2010（S1）：127-129.

[19] 李溪. 如屏的山水：中国美学视野下的"风景如画" [J]. 中国园林，2014，30（4）：112.

[20] 顾凯. 中国传统园林中的景境观念与营造 [J]. 时代建筑，2018（4）：24-31.

[21] 顾凯. 拟入画中行：晚明江南造园对山水游观体验的空间经营与画意追求 [J]. 新建筑，2016（6）：44-47.

[22] 黄宗羲. 黄宗羲全集（第 10 册）南雷诗文集上 [M]. 杭州：浙江古籍出版社，2012：570-572.

[23] 顾凯. "知夫画脉"与"如入岩谷"清初寄畅园的山水改筑与 17 世纪江南的"张氏之山" [J]. 中国园林，2019，35（7）：124-129.

[24] 汉宝德. 物象与心境：中国的园林 [M]. 北京：三联书店，2014：5-53.

[25] 杨炫之撰，周祖谟校释. 洛阳伽蓝记校释 [M]. 北京：中华书局，1963：90.

[26] 金学智著. 中国园林美学（第 2 版）. 北京：中国建筑工业出版社，2005：38.

[27] 朱利安. 山水之间 生活与理性的未思 [M]. 上海：华东师范大学出版社，2017：48-51.

[28] 董豫赣. 玖章造园 [M]. 上海：同济大学出版社，2016：26.

[29] 李亨特总裁，平恕等修. 绍兴府志 [M]. 台北：成文出版社有限公司，

1975：1786.

[30] 鲍沁星 . 南宋园林史 [M]. 上海：上海古籍出版社，2017：170.

[31] 方惠 . 叠石造山的理论与技法 [M]. 北京：中国建筑工业出版社，
2005：13.

[32] 顾凯，查婉滢 . 传承与开拓：当代匠师方惠的传统造园叠山技艺及理
论探究 [J]. 风景园林，2019，26（3）：19-24.

[33] 曹汛 . 计成研究：为纪念计成诞生四百周年而作 [J]. 建筑师，1982
（12）：1-16.

[34] 计成著;陈植注释 . 园冶注释 第2版 [M]. 北京:中国建筑工业出版社，
1988：206-210.

[35] 顾凯 .《园冶》与晚明江南园林文化的转变 [M]// 张薇，杨锐主编 .《园
冶》论丛 . 北京：中国建筑工业出版社，2016: 80-97.

[36] 李渔 . 闲情偶寄 [M]. 杭州：浙江古籍出版社，1985.

[37] 曹汛 . 走出误区，给李渔一个定论 [J]. 建筑师，2007（6）：93-100.

[38] 曹汛 . 戈裕良传考论:戈裕良与我国古代园林叠山艺术的终结（上）[J].
建筑师，2004（4）：98-104.

[39] 沈复 . 浮生六记 [M]. 北京：人民文学出版社，2010：27，76.

[40] 叶枝 . 远近高低各不同——现代叠山作品扬州江海学院谐园赏析 [J].
建筑与文化，2018(04)：152-153.

# 《环翠堂园景图》与汪廷讷的版刻事业

毛茸茸

　　《环翠堂园景图》是相当特殊的一件晚明版画作品。钱贡[1]绘画，黄应组[2]刻版，李登[3]题签。全长 1486 厘米，高 24 厘米，由汪廷讷环翠堂刊行。这幅版画巨制描绘的是晚明徽商汪廷讷在其家乡休宁所建的园林——坐隐园，园中建筑、景致、人物活动一一呈现，成为人们讨论"徽派版画""明代版画"等问题时一幅重要的作品。由于《环翠堂园景图》原件下落不明，我们研究的基础仅为人民美术出版社 1981 年据傅惜华所藏环翠堂原刻初印本出版的珂罗版复制品，[4] 此书以四十五面连式、类似册页的形式装订，据其后所附文字《关于〈环翠堂园景图〉》介绍，这幅版画原以长卷形式刻印。[5]

　　此前对该图的著录多是因袭上文，考据不明，有鉴于此，要讨论《环翠堂园景图》，还有一些问题需要进一步梳理。

　　首先，在《园景图》作者、刻者俱实的情况下，此图何时绘画、何时刊刻的问题。[6]《环翠堂园景图》版画上并无纪年，据李之藻[7]《坐隐园落成碑》可知坐隐园始建于万历二十八年（1600），[8] 从文后所署"万历丙午年午日"来看落成时间大约在万历三十四年（1606）左右，[9] 如果《园景图》是对坐隐园的真实摹写，那么，其应刻于园成之后。此外，《园景图》前有篆书题字"环翠堂园景图"，行书落款"上元李登为昌朝汪大夫书"，钤印二方，白文"如真""八十三翁"。印章后刊有"黄应组镌"四字，卷右上方又有白文"李士龙"印。据清代陈作霖《金陵通传》卷十八云："李登，字士龙，一字如真。上元人。嘉靖四十年（1561）拔贡，除新野知县。与姚汝循起白社、经社、游社、长干社，同社耆旧四十人。陈所闻、王文耀、从文蔚、王元贞等与焉。年八十六卒。"如果我们假设李登的题字是特为版画刊行而作的，那么版画的刊刻时间应定为万历三十四年（1606）前后。

然而，另一则材料的出现又让我们不得不重新思考。林丽江指出，台北所藏的后印增补本《人镜阳秋》末卷（即卷二十三）中以"续貂"为名、由林景伦所写的《坐隐先生纪年传》提及钱贡在 1602 年绘有《坐隐园图》，且林氏认为《坐隐园图》很有可能就是《环翠堂园景图》的原来名称。[10] 虽然仅凭二图作者同为钱贡这一点来判断《坐隐园图》与《环翠堂园景图》为同一件作品，论据不足，但对于这件《坐隐先生全集》未提供任何诗文、序题的版画长卷来说，这种猜测颇有见地。如果，《坐隐园图》即是《环翠堂园景图》的原来名称，那么根据林景伦的记载，万历三十年（1602）此图就已绘就。[11] 同是 1602 年，汪廷讷游过武林，游西湖、谒岳庙、访灵隐，会莲池禅师及了凡居士（袁黄），论佛法禅理。其间，他曾拿出《坐隐园图》示袁了凡，袁"按图立就"，作《坐隐先生环翠堂记》，后詹景凤又"挥毫草录一过"。[12] 而后，《纪年传》又提到丁未年（1607）汪廷讷出游至南昌时，与建安王携游，王"阅公图卷，题公园额曰坐隐"。[13]

综上所述，我们或许可以做以下结论。若《环翠堂园景图》是坐隐园落成之后园主汪廷讷特请钱贡绘画、李登题字，并在此后刻成版画的，那此图的绘制、刊刻时间应在万历三十四年（1606）

之后，刻工黄应组谢世以前。[14] 如若《坐隐园图》即为《环翠堂园景图》，其绘画时间应为万历三十年（1602），[15] 而出现在《园景图》中的三教龛、半偈庵、大慈室、面壁岩、文昌阁、百鹤楼、玄通院等则营造于万历三十二年（1604），[16] 显然，绘画时图中的部分景物还只出自园主与画家浪漫的想象，这就引发出另一个问题：《环翠堂园景图》中有明确名称的109处景点和建筑是否真实存在？[17]

或许连汪廷讷本人也听到过这样的质疑，因而他在袁黄所作之《坐隐先生环翠堂记》之后作短跋解释道："谱内名公著什句中多用小园景名，盖本于朱、顾二太史、袁职方诗、记而言者，窃恐好事诸君目为不经之语，敬附三公之作以备。"[18] 而从朱之蕃《题坐隐园景诗》[19] 及顾起元《坐隐园百一十二咏》[20] 前的小引来看，二人之诗均源自袁黄之《坐隐先生环翠堂记》，如此一来，万历三十年（1602）所绘的《坐隐园图》当是这些景名之来源，而其中的部分景点却还并不存在。这不得不让人怀疑，《环翠堂园景图》中的一些景点并未付诸土木。[21]

汪廷讷在1602年及1607年先后示人的图卷是钱贡手绘之图，还是依此图所刊刻的版画，我们不得而知，或许将《坐隐园图》刻为版画《环翠堂园景图》就是汪廷讷为了方便携带或希望将此图赠予多人而为。从上述两则材料来看，《坐隐园图》正如一幅鲜活的导览图，成为汪廷讷向名人逸士宣传所建之园并获得题赠的工具。另一方面，在《坐隐先生全集》庞大冗长的序文、题跋以及汪廷讷的自序中对《环翠堂园景图》只字未提，[22] 这就令人对此图产生了更大的好奇。

就复制品来看，《环翠堂园景图》无序、无跋，这与《坐隐先生精订捷径弈谱》中《坐隐图》[23] 序跋、图赞连篇的情况截然不同，不免令人怀疑《环翠堂园景图》的文字部分已佚。这样，环翠堂万历间刊刻的几部大书，尤其是《坐隐先生精订捷径弈谱》

《坐隐先生全集》《人镜阳秋》[24]等，既是环翠堂版画精品的载体，也是我们研究《环翠堂园景图》最有价值的材料。

此处尤须拈出的是，常见于古籍善本著录或介绍汪廷讷所刊著述之"《坐隐先生精订捷径棋谱》二卷"，实为《坐隐先生全集》之残本。中国国家图书馆藏《坐隐先生精订捷径弈谱》二册，[25]从牌记和版式来看，此二册应为另一版《坐隐先生全集》之残本，而非《坐隐先生精订捷径弈谱》单行本。[26]关于《坐隐先生精订捷径弈谱》的卷次，研究者们著录不同。张国标在《论徽派版画〈环翠堂园景图〉》一文中述汪廷讷"性嗜围棋并有研究，著有《坐隐先生精订捷径弈谱》五卷"，但在《徽派版画》中，他又介绍《坐隐先生精订捷径弈谱》为八卷八册。[27]徐学林《徽州刻书》记"万历三十七年（1609），汪氏环翠堂刻自撰《坐隐先生订棋谱》八卷"，又记"北京图书馆藏本题《坐隐先生精订捷径弈谱》两卷"。[28]除徐学林所记北京图书馆两卷本应为上述国家图书馆两册残本外，其他卷次标注均未说明出处，笔者亦未见国内所藏之《坐隐先生精订捷径弈谱》单行本，故不置可否。另，《日藏汉籍善本书录》著录："（明）汪廷讷编撰《坐隐先生精订捷径弈谱》（不分卷），万历年间海阳汪氏环翠堂刊本，共五册。蓬左文库藏本，原江户幕府大将军德川家康旧藏。此本系日本明正天皇宽永十二年（1635）从中国购入。"[29]据此，日藏本应是《坐隐先生精订捷径弈谱》单行本，但未见原书，不知情况是否属实。

晚明时期，园林的设计与建造之风尤盛，以图像的形式表现一座园林亦为常见，其时出现了多种样式和风格的书斋山水，以文徵明为代表的"吴门"更是将这种风尚发扬至整个江南地区，[30]所以在此时出现如《环翠堂园景图》这样的绘画并不是偶然的，而将它刻成版画却凸显其特殊性。这与版画的主事者，也是这座园林的主人——汪廷讷，密不可分。

汪廷讷，曾字去泰，改字昌朝，号无如，别署坐隐先生、无无居士、全一真人、松萝道人、清痴叟。徽州休宁人，休宁古称海阳，又称新都，故汪氏亦自称海阳或新都人。著有《环翠堂集》《华衮集》《无如子正续赘言》《人镜阳秋》《文坛列祖》等书。所作传奇总称《环翠堂乐府》，现可考的有 17 种，另有杂剧 9 种，其中《狮吼记》《种玉记》《彩舟记》《投桃记》《三祝记》《义烈记》和《天书记》等 7 种，仍有刻本传世。尤以讽刺喜剧《狮吼记》最为突出，日本东京大学尚有藏本。[31]

关于汪廷讷的生平，有几处需要稍做论述。

第一，生卒。以往有几种说法：其一为"约 1569 年至 1628 年"，这一说法出自徐朔方所编《汪廷讷行实系年》，[32]因不知林景伦《坐隐先生纪年传》之存在，故其推断有所谬误。其二为"1573 年至 1619 年"，这种说法当是来自《新编休宁县志》。[33]虽不知其所定之根据，但将汪廷讷的卒年定为 1619 年，当是有误。[34]另外，刘孝娟记"汪廷讷生于 1528 年，卒年不详"，[35]与顾起元《坐隐先生传》[36]及林景伦《坐隐先生纪年传》相去甚远，不可取。

在过往的研究中，唯董捷《燕云读书札记——晚明版画史文献新证二则》[37]对汪氏之生平事迹考据较严，其《汪廷讷生平线索》当可信。据《坐隐先生纪年传》，汪廷讷于万历二十二年（1594）、二十五年（1597）、二十八年（1600）、三十一年（1603）、三十四年（1606），连续五次赴乡试，但因种种原因都未中第，终在万历三十四年（1606）后"不复置功名念"。[38]徐朔方引署名"王经世"的《题坐隐先生订谱歌》："年方三十拜盐官，秩领大夫，绾银绶。"[39]"若以万历三十五年（1607）为三十初度，则汪氏应生于万历五年（1577）前后"。[40]在谈到汪廷讷之卒年时，董氏以《纪年传》后署名"罗之化"的跋文"《阳秋》在，师（指廷讷）心不朽之神在，先先，先生亘万古其如在"判断《人镜阳秋》二十三卷后印本刊行时，汪氏已故。"如此看来，这部天启五年（1625）以后增订重印的《人镜阳秋》，应出于廷讷后人之手，林景伦所作'纪年传'是一篇典型的'谀墓之词'。汪氏子弟此举，恰是秉承了廷讷编《阳秋》而'附父义母节以永垂'的家风。"[41]

第二，官职。仝婉澄在其文《论环翠堂自刻本〈狮吼记〉》中如是说："（汪廷讷）早年经营盐业致富，由贡生官至盐运使，后谪宁波同知，天启时任长汀县丞，是一位集商人、官员和文人于一身的人物。辞官退隐后，筑坐隐园、环翠堂，交往名流，以写戏、刻书自娱，好诗词歌赋，尤善戏曲，宗吴江沈伯英，吕天成《曲品》誉为'词场之俊士'。"[42]关于汪廷讷捐赏任"加例盐提举"[43]，后"左迁鄞州司马"等纪事，《燕云读书札记——晚明版画史文献新证二则》已有详细考证，此不赘述。[44]此处欲作校辨的是，汪廷讷并不如其大多数徽州同乡一样，以盐运使官之便，获利致富，其所获之官职是专为捐赏者而设的虚职，并无实权，他的财富应是继承家业所得，而并非"以经营盐业致富"。[45]

第三，坐隐园及环翠堂选址。坐隐园及环翠堂书坊的原址何在，大致有两种看法，即南京、休宁两地。最早指出坐隐园在南京的是郑振铎先生，他在《插图本中国文学史》中这样记载："廷讷，字昌朝，一字无如，自号坐隐先生，无无居士，休宁人，官盐运使，有《环翠堂集》。他在南京有幽倩的园林。常集诸名士，宴饮于园中。"[46]后周芜亦持此说："从汪氏刻书与交往考察，环翠堂园址不在休宁，而在金陵。"[47]王伯敏先生主编的《中国美术通史》称汪寓居金陵，在金陵建环翠堂为休致之所，书亦梓于金陵，这是一种很有代表性的观点。[48]此后又有年轻的学者承袭此说，[49]但多是不假思索的相互引用，未作论证。另一方面，张国标早在1988年即已撰文驳斥"坐隐园在南京"的观点，其引用《徽州府志》《休宁碎事》等文献，并将《园景图》中景物与徽州的地理、风情一一对照起来，以证坐隐园乃徽派园林之典范，《环翠堂园景图》是徽派版画无误。[50]事实上，这种做法着实是舍近求远了，汪廷讷在《坐隐先生集》卷十《随录》中即已指明："余家松萝之麓，璜琅夹源，绕门如带，沿堤桃柳参差，雨过千锋，俨列画图，遂名其堂曰环翠，园曰坐隐。"又："林峦蓊蔚，泉壑飞流，小园倚金鸡峰而面松萝。"[51] 坐隐园、环翠堂在休宁无疑。至于汪廷讷在南京开设书坊，印行书籍，则无文献支撑，当是臆断。

第四，《环翠堂集》。四库存目丛书本《坐隐先生全集》后附《四库总目提要》，著录四卷本《环翠堂坐隐集选》为从《全集》中辑出四卷成书。而三十卷《环翠堂集》当时已不存。[52] 据《坐隐先生集》卷一汪廷讷《自序》，为配合《订谱》成书，他特从已行世之三十卷《环翠堂集》中摘取诗文，合为《坐隐先生全集》，一并刊行。[53] 万历三十七年（1609）署名"萧和中"之《坐隐先生集后序》亦云："独先生曾有《环翠堂集》三十卷行于世，兹集中多雷同于环翠者，倘读环翠而复读坐隐，人必以为重出。"[54] 故《环翠堂集》三十卷应完成于《坐隐先生集》之前。此书今佚。

纵观汪廷讷的一生，与其说他追求名利，积极入仕，倒不如说他始终浸淫于文士的情怀之中。事实上，在取得南京国子监生员（1593）之后，直至捐赀为盐官（1607），在此期间汪廷讷先后五次赴试的同时，也从未间断其营造士人生活的努力，也恰恰是这段时间，他无限接近于理想生活的高峰，筑园、刻书、编写戏剧、钻研棋艺、结交士夫名流，也许并没有什么实际的利益，却能在此过程中得到自我认同。我并不认为汪廷讷所谓的筑园隐居是仕途惨淡后的无奈之举，或是其高逸品格的物化体现，也不愿像一些学者那样，认为汪廷讷是出于对商人身份的自卑心理而极尽钻营，我更愿意相信他是在自我设定的生活方式中得到满足并乐此不疲的附庸风雅者。而在这种生活的构建和自我形象的塑造中，版刻是其最重要的手段。

对万历年间徽刻的空前发展，前人著述已有很多，[55] 究其缘由，与徽州商人经商的极大成功和徽州本土固有的浓郁文风、稳固的宗族观念不无关联，它们直接导致各类著述和宗谱刊刻成为一种盛行的风气。[56] 但其中最重要的是，有一大批掌握先进技术的刻工在此勃兴。他们世代传承技艺，相互交流、切磋，使其"欹厥不下宋版"。而在这种环境下，徽商敏锐地抓住了自身的优势，并加以利用，使徽刻的高超技艺成为宣传自己的绝佳载体。其中最典型的就是程君房与方于鲁，他们之间的竞技也从另一方面促进了版刻技艺的发展。[57] 况且，无论是《方氏墨谱》，还是《程氏墨苑》，请的都是当时著名的画家丁云鹏为自己做宣传画，"商人雄厚的资金，已经在很大程度上促使了士商的合流"。[58] 所以，有着相同需求的汪廷讷也将目光投向了版刻。但他不同于以本求利的商业书坊主，也并不完全与方、程二人相似，汪廷讷没有明确的商业目标，也不借此兜售商品，他更像是一个追求自我价值的文人。

如前所述，汪廷讷刊刻《环翠堂园景图》并不是偶然的。他始终秉承着书立说的愿望，并使之成为其徜徉文坛、宣传自己的重要途径。万历二十八年（1600），《人镜阳秋》的出版是汪廷讷最初的尝试，在这部书里他用"一人一事绘一图"的铺张做法，"以人为鉴而寓春秋褒善之意"。[59] 更有趣的是，他还将自己父母的事迹也收入其中，与先贤并列一书。[60] 显然，汪廷讷企图通过这部宣传忠孝礼仪的著作将自己乃至家族推上儒士的圣坛。此书完成后，汪廷讷还携书四处游历，名为求教，实则索求题赠。[61]

有学者指出，《人镜阳秋》版画插图的风格和样式"大约袭自较早前玩虎轩所刊《养正图解》，并欲与之抗衡。和《人镜阳秋》同一年刊刻的另一部'事绘一图'的版画大书《有像列仙全传》，也出自与汪廷讷同乡同姓的汪光华所经营的玩虎轩。这绝非巧合，玩虎轩在版画绘刻方面，确可看作环翠堂的先驱，《人镜阳秋》则以双面合叶的阔大版式及更为细腻繁复的刀工表现，充分显示出其后来居上的趋势"[62]。美国学者 Nancy Berliner 亦将这两部书放在一起，作为"汪耕风格"的成熟代表，而此前，同样出自

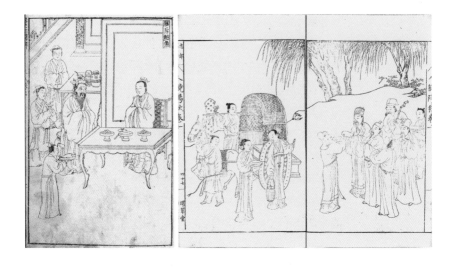

图 1　玩虎轩《养正图解》

图 2　环翠堂《人镜阳秋》

汪耕之手的玩虎轩本《琵琶记》[63] 和《北西厢记》[64] 则揭开了这一风格的序幕。[65] 这种看法颇有见地，《养正图解》（图 1）确为万历晚期的版刻带来一种新的风尚：人物形象较为突出，体态结实丰满，雅致细腻，且处于前景之中，常常占据画面的大半。马车、建筑都有精美的装饰，树木盘根错节，细节繁复。《人镜阳秋》继承了这种风格，并较之更进一步，在人物的刻画上显得游刃有余。

　　《人镜阳秋》（图 2）之于汪廷讷的意义绝不仅限于版刻上的精美，书中三百七十多幅插图的作者汪耕[66]、刻者黄应组就此成为汪氏环翠堂的固定班底，这是他精心挑选的。"汪耕此时已画过玩虎轩本的插图，声名渐远，而黄应组也非初次奏刀。"[67] 我们或许可以从此后两人的合作中寻找环翠堂版刻的脉络，庞大的《环翠堂乐府》亦从此开始陆续付梓。《三祝记》《重订天书记》《投桃记》（图 3）《彩舟记》《义烈记》（图 4）[68] 均是精工细刻的路子，就连人物官服上的图案、铺地的花纹、龙舟上的装饰纹样都一丝不苟，线条细密。尽管我们能看到画家对表现人物表情差异的努

图 3 环翠堂
《投桃记》

力，但仍然难掩人物脸形的定型化和五官的雷同。

汪耕与黄应组的另一次重要合作是附在《坐隐先生订谱全集》之前的六面连式版画《坐隐图》。此图描绘了汪氏坐隐园中的雅集情景。童子或提壶、或抱琴、或捧棋盘从山下而来，假山奇石边，两位高士对弈，旁有二位友人观棋而笑。有人认为其中一位下棋者很可能就是汪廷讷本人，而其他三客从服饰可知是儒、释、道三教之友。棋局旁又有一人持杖而来，侍童捧着卷轴从旁服侍，有人指出这是"以园主身份再次描绘汪廷讷本人"。[69]假山之后，一小童临池洗砚，另一侍童捧香赶来，还有几个在炉边煮茶，水阁中书童正在整理书籍。这与《环翠堂园景图》中的景致多有重叠，[70]充满着文人雅趣，园林之美、文玩之趣，溢于言表。从风格上看，《坐隐图》比《人镜阳秋》插图更细致，更接近于白描。人物造型和表情有了个性化的表达，山石、器物、建筑的表现更为具体。特别是《坐隐图》（图6）对空间关系的把握要远比此前舞台布景式的戏曲、小说版画更为准确和灵活。如果将同样描绘对弈场面的《新刻出像音注释义王商忠节癸灵庙

玉玦记》（图5）[71]中"解帮闲张鬼熟诱呆喜博弈"与之比较，就
不难看出二者的精细程度和对画面的掌控能力有着天壤之别。当
然，富春堂所刊之戏曲多是面向文化程度较低的读者，且作为商
品在市场流通，它与环翠堂"文人清玩"式的作品自不可同日而语。
然而，若将《坐隐图》与《环翠堂园景图》做比较，则又有明显
的不同。

图4 环翠堂《义烈
记》
图5 富春堂《新刻
出像音注释义王商
忠节癸庙玉玦记》

汪耕一路精工细巧的作风令人耳目一新，受到广泛欢迎，南
京、杭州等地刻书家争相效法，或聘请艺人，或翻摹图样，继志
斋（南京）、起凤馆（杭州）等书坊的出品与玩虎轩、浣月轩等
徽州或徽籍刻书家主持之"祖本"不仅难分彼此，有时甚至后来
居上。然而正在汪耕及其追随者应接不暇、不亦乐乎之际，趣味
之变又将版画风格带离了一味追求繁缛装饰的路子，而向文人绘
画的形式靠拢了。[72]

钱贡在《环翠堂园景图》中对版画的风格有了新的阐发，以
格调古雅、线条纤巧的文人儒士之风代替"汪耕风格"。我们将《坐

图 6　环翠堂《坐隐<br>图》（局部）

隐图》（图 7、图 8）中的山石造型与《园景图》（图 9、图 10）中"斜谷"山石作一对比就会发现，《坐隐图》的山石比较刚直，稍显僵硬，《园景图》之假山就更为柔和饱满，皴法上也更为成熟。《坐隐图》中仙鹤的动态略显不足，体态比例也有瑕疵，而《园景图》"鹤巢"外闲庭信步的两只仙鹤则更生动、优雅。还有，二图对水纹、树木的处理也有显著的差别，《园景图》（图 11）中的"昌公湖"更有波光粼粼、烟波浩渺之感，《坐隐图》（图 12）中繁密的树叶则反而消解了空间的进深。这种更接近于文人雅趣甚至有些松散的画风渐成时尚，也使版画成为一种可供"耳目之玩"的艺术品。而汪廷讷的这座"纸上园林"亦更接近其理想的风雅生活。

　　然而，这种风格的转变并非首先来自画家。以版画的制作来说，刻书家或许扮演着最重要的角色，从某种程度上讲，他们决定了版画所呈现的风格或版式。版画最初的繁荣是伴随着作为案头阅读之用的通俗小说或戏曲出现的，明代早期的版画多采用上图下

图 7　环翠堂《坐隐图》( 局部 )　　　　　　　图 8　环翠堂《坐隐图》( 局部 )

图 9　环翠堂《环翠堂园景图》( 局部 )　　　　图 10　环翠堂《环翠堂园景图》( 局部 )

图 11　环翠堂《环翠堂园景图》( 局部 )　　　图 12　环翠堂《坐隐图》( 局部 )

文的版式，构图简略，线条粗犷，甚至不追求形似和美感。"但当它成为可广泛被携带与阅读的读物时，视觉的向度便相对变得更为突出。"[73] 刻书家们开始思考，如何将版画从"以图附文"的牢笼中解脱出来，而成为独立的视觉产品。就此而言，版画风格的改变是必然的。于是，刻书家们选择了更具文人气质和特点的画家。

　　在明末版画创作向文人绘画借鉴学习的风气中，引入的主要是吴门画风。这一点从冒署画家姓名的指向可以清楚地看到，唐寅、仇英以至钱毂、钱贡、仝君素等，都可以纳入"吴门"体系。从图像上看，仅以《西厢记》为例，万历间的《西厢记考》本、《画意北西厢》本、黄观父刻图本等，都与香雪居本十分相似，这种情况直到清初才逐渐消退。[74]

　　另一方面，画家从汪耕变为了钱贡，作品的风格发生了改变，而作为刻工，黄应组也必然面临新的挑战。此前，我们强调刻书家的选择和画家对版画风格的重要性，并不代表他们就是版画创作过程中的主宰。刻工高超的技艺和对所绘之景、之境的把握，也决定着版画的优劣。或者说，版画风格的发展一定伴随着版刻技术的进步，并必须以此为前提。
　　线刻是徽州刻工最具代表性的视觉语言，他们舍弃了过去的版画大面积黑白对比的创作技法，[75] 而在结构造型上强调线饰所带来的美感。因此线刻技法的细密程度直接影响着版画风格的实现。
　　万历初期，"徽州刻工由于镌刻刀法的原因，最多可以在一毫米内刻 1.5 根—2 根线，这就决定了画家在绘制画稿时要考虑到刻工镌刻的精细程度"，[76] 所以此时的版画人物形象较大，动作有强烈的舞台感；无论是门窗、屏风、楼宇还是花草、假山、亭廊，都呈现出图案化倾向。此种风格和构图是建立在刻工镌刻能力基础上的。而且，"由于黄氏刻工家族式的师承关系，致使在刻画

图 13  环翠堂《袁
了凡先生释义西厢
记》"红娘请宴"

人物的躯干和面部表情上形成了一套既定的'谱子',无论是刻
画什么人物都从容尔雅,就连斗争、死亡、殉教中的人物也显得
那么温柔敦厚、恬静清丽"。[77]

到了万历后期,"在一套刀法,即伐刀或挑刀,辅以衬刀、复
刀的基础上,探索出伐刀与挑刀相结的刻法,既能达到一毫米刻
4 根—6 根线的精度,又能保证线条在印刷时不会断裂,因为此种
刻法的线条的横截面为直角梯形。这种镌刻技法对明后期徽派版
画形成繁缉细密、工致纤丽的典型范式起到决定性的作用"。[78]黄
应组无疑是掌握先进技术的佼佼者,其为继志斋所刻的《玉合记》
亦是当时难得的精品。

综上,我们可以做出以下结论:《环翠堂园景图》的特殊在
于,首先它并不依托于任何文本和商业目的,这就决定了其在创
作上能相对自由;其次,汪廷讷将它作为宣传自身文士生活的载
体,而"吴门"的新风就将这种意图表现得淋漓尽致;最后,刻
工版刻技术上的成熟和进步使这种风尚付梓成为可能。

《环翠堂园景图》卷首以高远的视点、类似地方志图绘的视角展开，好像画家是站在一座遥远而高耸的山峰上俯视远方的群山。此后镜头慢慢拉近，视点也渐渐降低，人物开始变大，能清晰地看出他们的动作与表情，但需要指出的是，这种对人物的表达是置于环境之中的，且以景物为画面主要的叙述对象，这与此前版画的构图与表述方式非常迥异。我们前面已经提到，此前的版画是以叙事为主要目的，其重点为人物，可以说是人物主导着故事的进程。而《园景图》无须承担叙事的责任，景物恰恰是其表现的主要内容，因此，人物的比例大幅度缩小，他们真实地畅游于景观之中，而非舞台上的生旦净末丑，人物表情及人与人的相互关系更加自然，并善于以景物烘托气氛。

令人惊喜的是，与《环翠堂园景图》时间相近或稍后的戏曲版画，在构图和风格上发生了悄然的变化，或者说画家的观看视角、构图方式有了一种新的可能。固然，我们不能武断地认为这就是从《园景图》开始的，但这种变化却实实在在地出现在此后的版画作品中。"画中人物多活动于园林亭台之间，繁复细节的追求似开始让位于对文人生活场景的描摹。"[79]

最典型的当属同出于环翠堂的《袁了凡先生释义西厢记》(图13)，[80]此书画者不详，无具体纪年，但从风格上看，它与《环翠堂乐府》的其他戏曲版画画者不同，且时间较晚。初见此套版画，最大的感受就是它与《环翠堂园景图》十分相似，人物与树木、湖石、建筑的关系，景观和空间位置的排布，甚至是文玩的布局与刻画都如出一辙。但从造型能力上看，作者的绘画水平不及钱贡，这一点从"红娘请宴"一幅前景中仙鹤的动态和山石的造型就能窥见。我们甚至可以猜测，此图的作者见过《环翠堂园景图》，并试图极力模仿，力求以文人气将环翠堂与其他刻坊区别开来。或许，此番努力正是出自汪廷讷的引导。

另外，《重刻订正批点画意北西厢》[81]、万历四十二年(1614)香雪居本《新校注古本西厢记》[82]以及此后湖州乌程凌瀛初据香雪居本重绘之朱墨套印图册《千秋绝艳图》(图14)，[83]亦都有此风的余绪。园林、山水之景成为画面的主要内容，人物则是庞大布景中比例较小的部分，画家花费大量篇幅描绘园林之景，《千秋绝艳图》"遇艳"一幅更像是一座园林的俯视图，人物只为点景，并且不乏对细节的追求，佛堂的如意形门楣、屋脊的雕镂均作刻画，就连佛龛中的佛像也俱细描摹；"省简"一幅在紧凑的布局中，以树石和建筑来完成对空间进深、建筑位置以及远、近景的营造；"就欢"更是以庞大的湖石、交错的藤架构建整个画面，以半截圈门为观者提供空间上的想象；"伤离""入梦"二幅乍看之下更像高古的行旅图，群山起伏，视野远阔。在此，文人画的元素和气质被完全嫁接到版画中来，文人士大夫对戏曲创作的参与和要求或是促成这种变化的动因，使之渐成戏曲版画的审美取向。而汪廷讷的《环翠堂园景图》应为先驱，他本人对文人生活的向往和想象正契合这一风潮的前行。

注释：

1 卷尾有行书落款"吴门钱贡为无如汪先生写"，下方钤朱文"钱贡私印"。（明）朱谋垔《画史会要》记："钱贡，号沧州，吴人。善山水人物，笔路不甚高雅。而丘壑位置可观。"（明）姜绍书《无声诗史》记："钱贡，字禹方，号沧州，善画山水。而人物尤其所长，余尝见其仿唐伯虎大幅，咄咄逼真。而他画亦往往出入文徵仲太史。"卢辅圣主编.中国书画全书[J].上海：上海书画出版社，1992：574、852.

2 黄应组，字仰川，生于嘉靖四十二年（1563），卒年不详，系黄氏家族第二十六世孙刻工。他还为汪廷讷刻过《坐隐图》《人镜阳秋》等。关于徽州黄氏刻工的传承情况可参见周芜.徽派版画史论集[M].合肥：安徽人民出版社，1983。

3 李登，字士龙，号如真生，江苏南京人，尝官新野县丞，工于书法，亦擅文学，著有《六书指要》《摭古遗文》等。张国标.论徽派版画《环翠堂园景图》[J].美术史论，1988（2）:21.另据张秀民记："南京拔贡李登万历间用家藏'合字'，印其自著《冶城真寓存稿》八卷数百本以送人。"张秀民.明代南京的印书[J].文物，1980（11）:83.

4 李平凡.关于《环翠堂园景图》//《环翠堂园景图》[M].北京：人民美术出版社，1981.另有安徽美术出版社1996年出版《环翠堂园景图》缩影图册。

5 另有周心慧记："近年中国书店曾以长卷形式影印出版，基本保存了画作的原貌。"周心慧.明代徽州出版家——汪廷讷[J].图书馆工作与研究，2002（第C1期）:74.笔者未见此书，不知情况是否属实。

6《环翠堂园景图》的刊刻时间向来众说纷纭，主要有以下几种说法：一是"约1602年至1605年之间"。这一说法来自人民美术出版社1981年版《环翠堂园景图》中《关于〈环翠堂园景图〉》一文，李平凡.关于《环翠堂园景图》.《环翠堂园景图》[M].北京：人民美术出版社，1981。此后有不少文章援引此说，如张国标.论徽派版画《环翠堂园景图》[J].美术史论，1988（2）:20.刘玉山亦持此说，且指出"用白棉纸初印成本"。刘玉山.中国古版画中的辉煌巨作《环翠堂园景图》[J].版画世界，1983（2）:21.二是"约1610年前后"。周芜在《徽派版画史论集》的《环翠堂园景图》图版说明中著录"明万历（约1610年前后）环翠堂刊本"。周芜.徽派版画史论集[M].合肥：安徽人民出版社，1983：66. Nancy Berliner，"The Diverse Roles of Rocks as Revealed in Wood-block Prints"，*Orentations*，June1997，p61，插图标注《环翠堂园景图》约刊于1610年。三是"约1609年"。徐学林、赵前在介绍环翠堂所刊书籍、版画时记"万历三十七年（1609）环翠堂自撰《环翠堂园景图》一卷"。

徐学林著；吴广民等摄影.徽州刻书[M].合肥：安徽人民出版社，2005：64-70；赵前编著.明代版刻图典[M].北京：文物出版社，2008:42.其四为"约1602年"。居蜜，叶显恩.明清时期徽州的刻书和版画[J].江淮论坛，1995(2)：56.但以上这些著录均未标明出处，作者也都未做任何论证。

7 "据《题名碑录》：李之睥，湖广潜江人，万历二十年进士。"转引自徐朔方.汪廷讷行实系年（附陈所闻事实）// 徐朔方著.晚明曲家年谱 第1卷[M].杭州：浙江古籍出版社，1993：517。

8 林丽江关于"环翠堂启用于1602年"的说法未见于《坐隐园落成碑》文中。林丽江.徽州版画《环翠堂园景图》之研究.区域与网络——近千年来中国美术史研究国际学术研讨会文集[M].台北：台湾大学艺术研究所，2001：300.

9 李之睥.坐隐园落成碑.坐隐先生全集.四库全书存目丛书.集部.别集类.册188[M].济南：齐鲁书社，1997:607-608.四库全书存目丛书本《坐隐先生全集》据南京图书馆藏（书号:GJ/115029）明万历三十七年（1609）环翠堂刻本影印，含《坐隐先生订谱》和《坐隐先生集》两个文集，页码自515页始，终于804页，其中第515页至690页为《坐隐先生订谱》，第690页至804页为《坐隐先生集》。以下引用此二文集中的内容时，不再特别标注原来的文集名，以存目丛书本《坐隐先生全集》页码示之。除南京图书馆外，该书另藏于中国国家图书馆（书号：/A01758)、金、石、丝、竹、匏、土、革、木八部（册），包括《坐隐先生订谱》（不分卷，金、石、丝、竹、匏）、《坐隐先生集》（十二卷及《坐隐园戏墨》，土、革、木），竹纸刊行。版心上方镌书名、次第，中间镌叶码、总叶码，下方镌"环翠堂"。南图本较国家图书馆本，卷前有缺页，包括朱印牌记、墨印出版说明、花图、篆书"坐隐"、九鼎图、朱之蕃题"心手同玄"、焦竑《坐隐先生集集叙》、郭子章《坐隐先生订谱全集序》、程翼京《汪蹉使坐隐订谱全集序》、袁福徵《坐隐先生订谱题辞》、金继震《叙汪蹉使坐隐订谱》、李自芳《坐隐订谱序》、汪廷讷《自叙》七篇序文以及江登禄《坐隐先生集后序》。

10 林丽江.徽州版画《环翠堂园景图》之研究.区域与网络——近千年来中国美术史研究国际学术研讨会文集[M].台北：台湾大学艺术研究所，2001：300.

11《坐隐先生纪年传》题署"八闽觉捷居士林景伦能仁父著"。见哈佛燕京图书馆《人镜阳秋》（胶片 Microfilm FC2122）卷二十三，叶十。此卷胶片据台北国家图书馆藏《人镜阳秋》后印增补本制作，二十三卷，16册。半叶9行18字，四周单边，白口，单栏，单白鱼尾，版心上方镌部类，中间镌"人镜阳秋"、卷次、叶码，下方镌"环翠堂"。林丽江根据此本所收《坐隐先生纪年传》中最晚的年份"乙丑"，判断此本刊刻应在天启五年（1625）之后。

12 林景伦《坐隐先生纪年传》，见哈佛燕京图书馆《人镜阳秋》（胶片）卷二十三，叶九至十。袁黄《坐隐先生环翠堂记》，见存目丛书本《坐隐先生全集》，679-681。

13 林景伦《坐隐先生纪年传》，见哈佛燕京图书馆《人镜阳秋》（胶片）卷二十三，叶十八至十九。

14 林丽江"版画出版的上限不早于 1602 年，下限则不晚于刻工黄应组之卒年"的说法显然被进一步推进了。林丽江 . 徽州版画《环翠堂园景图》之研究 . 区域与网络——近千年来中国美术史研究国际学术研讨会文集 [M]. 台北：台湾大学艺术研究所，2001：301.

15 当然，其刊刻时间的下限依然定在黄应组卒年较为恰当。

16 林景伦《坐隐先生纪年传》，见哈佛燕京图书馆《人镜阳秋》（胶片）卷二十三，叶十三至十四。"汪廷讷于 1600 年开始建坐隐园，园历时两年而成"，误。林丽江 . 徽州版画《环翠堂园景图》之研究 . 区域与网络——近千年来中国美术史研究国际学术研讨会文集 [M]. 台北：台湾大学艺术研究所，2001：302.

17 以往研究者如刘玉山等述"园中景物，仅有题名者，即达一百二十余处"，但经笔者仔细比对，图中共有题名景点 109 处。刘玉山 . 中国古版画中的辉煌巨作《环翠堂园景图》[J]. 版画世界，1983（2）：21.

18 见存目丛书本《坐隐先生全集》，681。

19 见存目丛书本《坐隐先生全集》，676-677。

20 见存目丛书本《坐隐先生全集》，677-678。

21 当然，如果以此说坐隐园"其实只是汪廷讷臆想中的人间仙境、世外桃源，并请画家为之布稿，名手镌刻上版，实则并不存在，且如此规模的私家园林，郡邑志乘中竟无片语片言提及，令人不可信实"，则又有些矫枉过正了。周心慧 . 明代徽州出版家——汪廷讷 [J]. 图书馆工作与研究，2002（增刊）：75.

22 林丽江指出，汪廷讷曾在诗中提到《环翠图》，但显然并非《环翠堂园景图》，因为画者不同。林丽江 . 徽州版画《环翠堂园景图》之研究 . 区域与网络——近千年来中国美术史研究国际学术研讨会文集 [M]. 台北：台湾大学艺术研究所，2001：301. 国图本《坐隐先生全集》石部（第二册），总百六十一页有一幅名为"环翠图"的棋谱，后附有回文诗及《坐隐盘中诗》，但它显然也并不是汪廷讷诗中所述的《环翠图》。见存目丛书本《坐隐先生全集》，585。

23《坐隐图》是附于《坐隐先生订谱》前的六面连式版画，汪耕绘，黄应组刻，图中描绘了汪廷讷与友人在坐隐园中棋会的场景。

24 此书收罗诸史百家中足为楷模之故事，以"忠""孝""节""义"划分为四部，刊成二十二卷。每个故事配有一图，再于图后加入传赞文字。整部书计有三百七十多幅插图，规模庞大。关于《人镜阳秋》的版本与收藏问题，

见董捷. 燕云读书札记——晚明版画史文献新证二则 [J]. 新美术, 2011（4）:
55-65、75。另据周芜所记,"此书日本宽文九年（1669）翻刻本题《全一道
人劝惩故事》,近年日本长泽规矩编《和刻本类书集成》收为缩小影本"。周
芜. 汪廷讷与胡正言——记明代两位出版家 [J]. 朵云, 1981（11）: 154.《日
藏汉籍善本书录》著录, 日本国会图书馆藏有《人镜阳秋》二十三卷本一部
（共七册）,"明汪廷讷编撰, 林景伦补, 明崇祯年间汪氏环翠堂刊本, 前有明
崇祯四年(1631)序"。严绍璗编著. 日藏汉籍善本书录 [M]. 北京:中华书局,
2007: 509. 如著录属实, 则日本藏本当是较台北本更晚的后印本。

25《坐隐先生精订捷径棋谱》（书号:16827）, 共八十九叶（第一册四十四叶,
第二册四十五叶）, 白绵纸刊行。四周单边, 白口, 单栏, 版心上方镌"坐隐
先生订谱""金部", 中间镌叶码、总叶码, 下方镌"环翠堂"。版框高约 27 厘米,
宽约 25 厘米。此二册残本为郑振铎先生旧藏, 钤"长乐郑振铎西谛藏书"朱
文方印,"长乐郑氏藏书之印"朱文长方印等藏书印。

26 牌记, 大字分左右两行题:"坐隐先生精订捷径弈谱", 其间以四行小字题:
"订谱全书乃活套分类全局棋谱, 并海内名公赠言, 诗词歌赋, 真草篆隶, 无
不备具。共计五百九十三张, 买者须查足数方为全玩。"2001 年广西师范大学
出版社据此二册影印出版《坐隐弈谱》, 较原书略有改动。该书出版说明以为
《坐隐先生订谱全集》即《坐隐先生全集》, 误。（明）汪廷讷编;（明）汪耕绘;
（明）黄应组镌. 坐隐奕谱 [M]. 桂林:广西师范大学出版社, 2001.

27 张国标. 论徽派版画《环翠堂园景图》[J]. 美术史论, 1988( 2 ):25;张国标. 徽
派版画 [M]. 合肥:安徽人民出版社, 2005:257.

28 徐学林著;吴广民等摄影. 徽州刻书 [M]. 合肥:安徽人民出版社, 2005:
64-70.

29 严绍璗编著. 日藏汉籍善本书录 [M]. 北京:中华书局, 2007:1239.

30 关于园林绘画, 高居翰先生有独到的见解与详尽的叙述。见高居翰、黄晓、
刘珊珊. 不朽的林泉——中国古代园林绘画 [N]. 美术报.2013.

31 除《种玉记》藏于上海图书馆（书号:385896-97）外, 其余五种皆藏于
中国国家图书馆, 后详。《环翠堂新编出像狮吼记》, 日本东京大学藏, 黄仕忠、
（日）金文京, 乔秀岩. 日本所藏稀见中国戏曲文献丛刊 第 1 辑 第 11 册 [M].
桂林:广西师范大学出版社, 2006.

32 徐朔方. 汪廷讷行实系年（附陈所闻事实）. 晚明曲家年谱 [M]. 杭州:浙
江古籍出版社, 1993:505. 徐朔方先生所编汪氏系年虽因材料所限有一些错误,
且因未见到原书, 对书籍的著录也有出入, 但瑕不掩瑜, 为我们研究汪廷讷
的生平提供了许多材料。

33 休宁地方志编纂委员会编.休宁县志[M].合肥：安徽教育出版社，1990.

34 方任飞.汪廷讷传奇人生与汤显祖的徽州行[J].黄山学院学报.2004(4)：30-32，引《新编休宁县志》将汪廷讷的生卒定为1573年至1619年，而据《人镜阳秋》二十三卷本所收林景伦《坐隐先生纪年传》，1619年汪尚在人世。

35 刘孝娟.明清徽商与徽州刻书业的兴盛[D].苏州大学，2007：45.

36 见存目丛书本《坐隐先生全集》，517-518。

37 董捷.燕云读书札记——晚明版画史文献新证二则[J].新美术，2011（4）：55-65、75.

38 同上注，64。

39 王经世《题坐隐先生订谱歌》，见存目丛书本《坐隐先生全集》，656。

40 徐朔方.汪廷讷行实系年（附陈所闻事实）.晚明曲家年谱[M].杭州：浙江古籍出版社，1993：516.

41 同注37，65。

42 全婉澄.论环翠堂自刻本《狮吼记》[J].文化遗产.2009(2)：64.

43 康熙《休宁县志》卷七五"舍选"云："汪廷讷，汪村人，加例盐提举。"见哈佛大学汉和图书馆藏本。

44 同注38。

45 徐朔方认为汪廷讷是继承了同姓义父之家财，后以此捐官、筑园、刻书。举顾起元《坐隐先生传》"于是先生遂秉家政矣"，指出"只有义父子之间的产权转移才要这样注上一笔"。虽显证据不足，却不失为一种可能。徐朔方.汪廷讷行实系年（附陈所闻事实）.晚明家年谱[M].杭州：浙江古籍出版社，1993：506.但方任飞在《汪廷讷传奇人生与汤显祖的徽州行》一文中将汪廷讷说成是唯一钻营的阴谋家，则充满了演义色彩。方任飞.汪廷讷传奇人生与汤显祖的徽州行[J].黄山学院学报.2004(4)：30.

46 郑振铎.插图本中国文学史[M].上海：上海人民出版社，2005：960.

47 周芜.汪廷讷与胡正言——记明代两位出版家[M].朵云，1981（11）：155.

48 李之檀.明代版画.王伯敏编.中国美术通史[J].济南：山东教育出版社，1988：250-251.

49 如吴萍莉："汪廷讷迁居南京，以经营盐业致富，后出货取得南京国子监生员资格，并由贡生授官盐运使。不仅如此，汪氏在南京还建有坐隐园园林别墅。"吴萍莉.晚明南京的徽籍刻书家[J].晋图学刊.2001(4)：65.又如方任飞："他在金陵开设环翠堂书坊，刊刻古籍。"方任飞.汪廷讷传奇人生与汤显祖的徽州行[J].黄山学院学报.2004(4)：30.

50 张国标. 论徽派版画《环翠堂园景图》[J]. 美术史论，1988（2）：26-32.

51 见存目丛书本《坐隐先生全集》，770。

52 见存目丛书本《坐隐先生全集》，804。

53 见存目丛书本《坐隐先生全集》，697。

54 见存目丛书本《坐隐先生全集》，801。

55 如刘孝娟. 明清徽商与徽州刻书业的兴盛 [D]. 苏州大学，2007；陆贤涛. 明清徽商与徽州刻书业 [D]. 安徽师范大学，2005；叶树声. 论明代徽刻 [J]. 淮北煤师院学报 ( 社会科学版 ) ，1988(Z1)：37-47；居蜜，叶显恩. 明清时期徽州的刻书和版画 [J]. 江淮论坛，1995（2）：51-59；余晓宏，周晓光. 徽商与明清时期徽州地区的出版业 [J]. 科技与出版.2011(5)：91-93.

56 吴萍莉. 晚明南京的徽籍刻书家 [J]. 晋图学刊.2001(4)：65.

57 有关徽州制墨商人程君房与方于鲁的研究见 Lin Li-chiang，*The Proliferation of Images:The Ink-stick Designs and Pringting of the Fang-shi mo-pu and the Cheng-shi mo-yuan.PhD.Dissertation*，Princeton University，1998.

58 陆贤涛. 明清徽商与徽州刻书业 [D]. 安徽师范大学，2005：32.

59 汪廷讷：《人镜阳秋自叙》，见哈佛燕京图书馆《人镜阳秋》( 胶片 ) 卷前序文，叶六十九。

60 同上注，叶七十至七十一。

61 如黄汝良《刻人镜阳秋序》中言："余奉命之北，曾子时应持汪昌朝所编书丐余序。"见哈佛燕京图书馆《人镜阳秋》( 胶片 ) 卷前序文，叶十二。

62 董捷. 燕云读书札记——晚明版画史文献新证二则 [J]. 新美术，2011（4）：59.

63《琵琶记》，汪耕画，黄一楷、黄一凤刻，万历二十五年（1597）徽州玩虎轩刻本，现藏于中国国家图书馆（书号：00826）。

64《北西厢记》，汪耕画，黄鏻、黄应岳刻，万历间玩虎轩刻本，现藏于安徽博物馆。

65 Nancy Berliner，"Wang Tingna and Illustrated Book Pulishing in Huizhou"，*Orentations*，January1994，p67-75.

66 "汪耕，字士田，与汪廷讷友善，或为其家族中人。"周芜. 汪廷讷与胡正言——记明代两位出版家 [J]. 朵云，1981（11）：155.

67 董捷. 明末版画创作中的不同角色及对 "徽派版画" 的反思 [J]. 新美术，2010(4)：18.

68 其中《三祝记》卷前有万历三十六年 (1608) 序。五部书现均藏于中国国家图书馆，书号分别为 A01122、SBA01859、04128、04129、00821。

69 坐隐奕谱 [G]. 桂林：广西师范大学出版社，2001.

70 林丽江指出，《坐隐图》棋会的地点正是坐隐园中万石山上的棋盘石。林丽江 . 徽州版画《环翠堂园景图》之研究 . 区域与网络——近千年来中国美术史研究国际学术研讨会文集 [M]. 台北：台湾大学艺术研究所，2001：310.

71《新刻出像音注释义王商忠节癸灵庙玉玦记》，万历初年金陵富春堂刊本，现藏于南京图书馆（书号：GJ/1022-102）。

72 董捷 . 明末湖州版画创作和晚明版画的风格与功能 [J]. 新美术 .2008(4)：25.

73 马孟晶 .《隋炀帝艳史》的图式评点与晚明出版文化 [J]. 汉学研究 . 第 28 卷第 2 期：8.

74 董捷 . 明末湖州版画绘图者的伪托问题 [J]. 中国美术馆馆刊 . 2009(2)：87.

75 万历早期（约 1577—1593 间）金陵富春堂、世德堂所刊诸本大都以大片黑色墨版作场景勾勒，画风粗犷，少有细节描绘，人物形象粗陋，表情呆板。如《新刻出像音注范睢绨袍记》（中国国家图书馆藏，书号：12641）、《新重订出像附释标注赵氏孤儿记》（哈佛大学藏）等。

76 张丽丽 . 技术因素主导古代徽派版画风格的演变 [D]. 山西大学，2008：23.

77 同上注，15。

78 同上注，36。

79 关于此次趣味之变，已有学者做过论述，马孟晶："Linking Poetry, Painting and Prints:the Mode of Poetic Pictures in Late Ming Illustrations to the Story of the Western Wing"，*Interntional Journal of Asian Studies*, Vol.5, No.1, 2008；董捷 . 风格与风尚——凌濛初《北红拂》杂剧及明末版画创作中的竞争 [J]. 美苑 .2012(8)：81-86. 但两人均未对具体作品作出分析。

80《袁了凡先生释义西厢记》，陈聘洲、陈震衷刻，万历间环翠堂刻本，现藏上海图书馆（书号：线善 78333-34）。

81《重刻订正批点画意北西厢》，黄应光刻，现藏中国国家图书馆（书号：SB14496）。

82《新校注古本西厢记》，黄应光刻，山阴香雪居刊本，现藏中国国家图书馆（书号：15141）。

83《千秋绝艳图》，明末湖州乌程凌瀛初刻本，现藏上海图书馆（书号：T41697）。

# 望行游居

## 明代周廷策与止园飞云峰

黄　晓

　　园林营造与人物密切相关,即计成《园冶·兴造论》所强调的"能主之人"[1]。纵观历史,"能主之人"在不同时期有所变化,私家园林尤为明显。曹汛在《略论我国古典园林诗情画意的发生发展》中将魏晋以来私家造园的主导者依次分为诗人、画家和造园叠山家,反映了古代造园日益专业化的过程 1。这种专业化的倾向到晚明越发突出,涌现出一批技能高超的叠山能手,以张南阳、周秉忠、计成、张南垣最为著名[2]。本文讨论的周廷策即周秉忠之子,他继承了父亲的造园绝艺,为晚明周氏叠山的代表人物。

　　明代常州止园是周廷策的代表作,园中有多座假山,如湖石堆筑的飞云峰、黄石堆筑的狮子坐和池土堆筑的桃花坞等,其中飞云峰造型特异,对理解晚明叠山的风格和转型有重要意义。曹汛在《略论我国古代园林叠山艺术的发展演变》中将中国叠山概括为三个阶段:第一阶段是面面俱到地完整模拟真山,第二阶段是采用"小中见大"的手法象征真山,第三阶段是艺术地再现真山局部[3]。止园飞云峰为第二阶段的叠山杰作,采用象征手法仿杭州飞来峰。晚明也是造园确立画意宗旨的时期,顾凯在《拟入画中行——晚明江南造园对山水游观体验的空间经营与画意追求》中指出，绘画对晚明造园的影响，一在视觉形式方面，二在空间经营方面[4]。止园飞云峰是晚明画意影响造园的代表作，视觉方面体现为郭熙《林泉高致》所论的"可望"，空间方面体现为《林泉高致》所论的"可行、可游、可居"。笔者拟从考证周廷策父子的造园史料入手，展开止园飞云峰的复原研究，并从可望、可行、可游、可居四个角度分析飞云峰的叠山意匠，探讨晚明叠山所受的画意影响和对空间经营的追求。

# 一 叠山家周秉忠、周廷策

周廷策字一泉，号伯上，其父周秉忠字时臣，号丹泉，皆为苏州造园名家，此前已得到陈从周、曹汛、高居翰等国内外学者的关注。

1980年陈从周《园史偶拾》[5]开篇介绍徐泰时东园的叠山家周秉忠，兼及其子周廷策，所引袁宏道《园亭纪略》、江进之《后乐堂记》、韩是升《小林屋记》和徐树丕《识小录》的相关记载，成为其后研究的基础[2]。1995年曹汛《明末清初的苏州叠山名家》[6]同样在开篇介绍周秉忠、周廷策父子，除前述4条史料，还补充了徐泰时女婿范允临的《明太仆寺少卿与浦徐公暨元配董宜人行状》[3]。2012年高居翰等著《不朽的林泉》[7]又提供了顾震涛《吴门表隐》、沈德潜《周伯上〈画十八学士图〉记》等多条史料[4]。

综上可知，周秉忠曾为徐泰时叠筑东园（今留园）假山，并设计了苏州洽隐园，周廷策则为徐泰时塑苏州报恩寺内的地藏王菩萨像，并与文徵明外孙薛益合作书画。徐泰时出自苏州望族，徐树丕即徐氏后人，其《识小录》称："余家世居阊关外之下塘，甲第连云，大抵皆徐氏有也。"徐家在苏州除徐泰时东园外，还有徐默川紫芝园、徐少泉拙政园，以及徐泰时女婿范允临的天平山庄等。范允临与止园园主吴亮为姻亲好友，他将吴亮《止园记》书写刻石，并作《止园记跋》[5]，吴亮为此作《范长倩学宪为园记勒石赋谢四首》。吴亮《止园集》还有多首同范允临及其夫人徐媛游览苏州或天平山庄的诗作，如《观梅雨阻范长倩招集虎丘晚酌》《稍霁再游虎丘有怀长倩》《天平山谒文正公祠》《和范夫人观梅有怀二首》及《范长倩卜筑天平携家栖隐奉讯二首》等[8]。徐氏、范氏、吴氏与周秉忠、周廷策父子关系密切，吴亮聘请周廷策造园，或与此有关。

吴亮《止园集》有多篇题赠周廷策的诗文，如卷十七《止园记》称："凡此（自园门至狮子坐）皆吴门周伯上所构。一丘一壑，自谓过之。微斯人，谁与矣。"卷五《小圃山成赋谢周伯上兼似世于弟二首》，卷六《周伯上六十》[6]。从中可知吴亮对周廷策评价之高，他并未将其视作工匠，而是当成同道知交，并在周廷策六十岁时赠诗贺寿。止园假山叠成后，吴亮非常满意，其《小圃山成赋谢周伯上兼似世于弟二首》称"真隐何须更买山，飞来石磴缓跻攀"，可知此山即模仿杭州飞来峰的飞云峰，他对周廷策许诺，"肯教家弟能同乐，让尔声名遍九寰"，邀请周廷策为"世于弟"造园。这位"世于弟"即吴亮三弟吴奕。

吴奕《观复庵集》续集卷三有《周伯上访余兄弟郊园游戏泉石间颇饶理趣赋赠二首》[9]，用韵与吴亮诗全同，为同时的唱和之作[7]。吴奕继承了父亲吴中行的嘉树园[8]，吴亮曾修葺此园，后转给吴奕，据吴奕诗"若写幼舆丘壑里，更宜鹤氅白纶巾"推测，嘉树园的改筑应该是由周廷策主持。

此外，吴亮《止园集》卷六《和鲁于弟明月廊二首》曰："同时小筑两何山，风度依稀伯仲间。"鲁于即吴亮六弟吴兖，明月廊在吴兖兼葭庄，诗中所称"两何山"应即前引吴奕诗中的"小何山复大何山"。吴亮兄弟八人，多有园亭营筑，如吴奕嘉树园、吴兖兼葭庄、吴襄青山庄、吴褒素园及其堂弟吴宗达的绿园等。

这些兄弟除吴玄东第园由计成设计外，其他人皆与吴亮往来密切。鉴于吴亮对周廷策的推重，其兄弟的不少园林应即由周廷策设计。

上述史料揭示了江南几大望族与周秉忠、周廷策父子的交集，呈现为一个紧密的关系网络。李日华《味水轩日记》万历三十九年（1611）条称："丹泉极有巧思，敦彝琴筑，一经其手，则毁者复完，俗者转雅，吴中一时贵异之。"可知多才多艺的周氏父子极受士绅名流欢迎，这些家族的众多园林或亦出自两人之手，值得进一步考证。

上述史料的另一重要价值是概括出周秉忠所叠东园假山的特征，主要为两点，一是"叠怪石作普陀、天台诸峰峦状"，二是"如一幅山水横披画，了无断续痕迹"，前者即"小中见大"的象征手法，后者即画意对造园的影响。这两点正是探讨周廷策所叠飞云峰假山的关键，体现了周氏父子叠山的一脉相承，并由此奠定了他们在晚明造园史上的地位。

## 二　止园飞云峰复原探析

吴亮止园位于常州青山门外，占地50余亩，包括东、中、西3区。《不朽的林泉》[7]和《消失的园林》[10]两部著作已对全园做过深入研究，绘制出止园平面复原示意图（图1），笔者在此基础上重点讨论园中的飞云峰。由《止园记》可知，止园东区由周廷策主持构筑，自南向北共有3组叠山，依次为飞云峰湖石假山、鸿磐轩庭院叠石和狮子坐黄石假山。飞云峰南临前厅怀归别墅，向北隔池正对主厅水周堂，是入园后第一处高潮，地位重要。这种重要性也体现在园主吴亮的相关诗文和画家张宏的《止园图册》中。

吴亮《止园记》有大段文字描写飞云峰假山："（怀归别墅）当水之北面，而又负山，巧石崚嶒，势欲飞舞，堂乃在乎山水之间，曰怀归别墅。……山右架石为门，由西稍折而北，径旁缀石为栏，

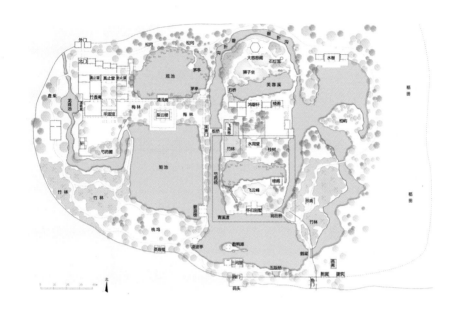

種木芍药数本。径中折，有石若伏猊、若树屏，皆可纪。径右折拾级而上，得石梁可登，陟山颠有松可抚。循东陔而下，得石峡。盘旋而西，复合前径。径穷而为篱，锦峰旁插，丛桂森列，有堂三楹曰水周，前见南山，山下有池莳菡萏，四外皆水环之，故取《楚骚》语。"此外吴亮还有诗作三题四首，除前引《小圃山成赋谢周伯上兼似世于弟二首》外，又有《由别墅小轩过石门历芍药径》："开轩一何敞，在乎山水间。侧径既盘纡，伏猊屹当关。名花夹两城，吹动春风颜。荒涂横菱菰，呼童荷锄删。点缀数小峰，文锦何斑斑。径傍胜未尽，缓步还跻攀。"《度石梁陟飞云峰》："小山何盘陀，逶迤不盈步。侧身度青霭，介然得微路。疏峰抗高云，云阴莽回互。徘徊抚孤松，恍惚生烟雾。樛枝结菁葱，群葩借丹腹。回屐窅如迷，一步一回顾。"

张宏《止园图册》涉及飞云峰假山的共4幅。第一页"止园全景图"（图2-1），从中可了解飞云峰在全园中的位置；第四页

图1　止园平面复原示意图，红框内为飞云峰及其周围环境。黄晓、王笑竹、戈祎迎绘

"怀归别墅"（图2-2），可从远处眺望作为别墅背景的飞云峰轮廓；第五页（图2-3）是从怀归别墅上方俯瞰飞云峰南侧；第六页（图2-4）是从水周堂前回望飞云峰北侧。这4幅图从不同尺度、距离和角度展示了飞云峰的位置、形象和姿态。图册中出现4次的另一处景点是大慈悲阁，可见两者地位之重要。

吴亮诗文和张宏绘画是研究飞云峰假山的一手资料，能够相互印证和补充。在细读图文的基础上，结合园林设计的原则和经验，可绘出飞云峰一带的平面示意图（图3-1）。

由以上资料可了解飞云峰的形态及其与环境的关系。飞云峰东西向为主山，南北向为起峰和余脉。山势从西南侧发脉，逐渐耸起，通过一道石门与主山相联。主山下部为宽阔的石台，南北皆有悬岩洞穴，南侧可居，北侧可登。穿过北侧石梁下的洞口，从东面上山，继而盘旋向西跨过石梁，来到一处开敞的台地，向西缓缓升起，设石桌石凳供人停歇；台上耸起两座主峰，峰头亦搭石梁相连，为整座假山的高潮。沿主峰西行，道路渐渐收窄；绕到峰后空间放宽，栽有孤松，供人盘桓漫步；山势向东渐趋平缓，又耸起一座小峰，作为收束。在主峰与小峰之间，有路与北侧登山之路汇合，由此向东通往楼阁二层；并有蹬道下到底层，底层西南连接飞云峰南侧的悬岩，东北俯临绕到楼阁南侧的溪水，即《止园记》提到的石峡。从环境关系看，飞云峰西南为起峰；中部两座主峰俯仰相望，东侧小峰介然独立，各具姿态；向东连接楼阁，延入丛林，给人余脉绵延之感。整组山峰南侧与怀归别墅及敞轩、两侧游廊和林木丛竹，构成围合感较强的静谧空间；北侧隔着水池，与水周堂及两侧的桂丛竹林，构成开阔的外向空间；居中而立的两座主峰，与怀归别墅和水周堂形成对景，为掌控全局的主体。

图 2-1　张宏《止园图册》第一页止园全景图，柏林东方美术馆藏

图 2-2　张宏《止园图册》第四页杯归别墅，洛杉矶郡立美术馆藏

图 2-3　张宏《止园
图册》第五页飞云峰
南侧，柏林东方美术
馆藏

图 2-4　张宏《止园
图册》第六页飞云峰
北侧，洛杉矶郡立美
术馆藏

## 三 止园飞云峰意匠分析

郭熙《林泉高致》评价山水画称："世之笃论，谓山水有可行者，有可望者，有可游者，有可居者。画凡至此，皆入妙品。"这一准则也可移来品评园林山水，"可望"是对园林的静态观赏，观者与园林保持着一定距离；"可行"是观者进入园林之中，与园林进行身体性的接触；"可游"在"可行"的基础上融入更多情感因素，更具有趣味性和精神性；"可居"则是观者栖身于山水之间，融入其中。根据观者与园林的关系，笔者将郭熙"四可"的顺序做了微调，从可望、可行到可游、可居，观者与园林的距离越来越近，最终相互交融，泯灭了主客体的界限，浑然一体。下文从以上四个方面分析止园飞云峰的叠筑意匠。

### 1. 可望：远望、近望与对望

飞云峰假山的"可望"，表现为远望、近望和对望三个层次，对应吴亮《止园记》描写飞云峰的3段文字和张宏的3幅绘画。

第一段是从东南部的曲径向北眺望怀归别墅，飞云峰作为别墅背景出现，对应《止园图册》第四页（图2-2）。这是对飞云峰的远望，为飞云峰的出场做铺垫。郭熙《林泉高致》称："真山水之川谷，远望之以取其势，近看之以取其质。"远望飞云峰，主要是感受山峰的雄伟气势，这座假山立于怀归别墅北侧，"巧石峻嶒，势欲飞舞"，既为建筑提供了壮观的背景，又勾起游人探奇的兴致。

第二段是穿过怀归别墅，于其北敞轩近望飞云峰，对应《止园图册》第五页（图2-3）。敞轩为近望飞云峰而建，在敞轩和假山之间的隙地上置有桌凳。为使从南侧远望怀归别墅时能作为建筑背景，飞云峰既需体量巨大，又不能离建筑太远，因此它与别

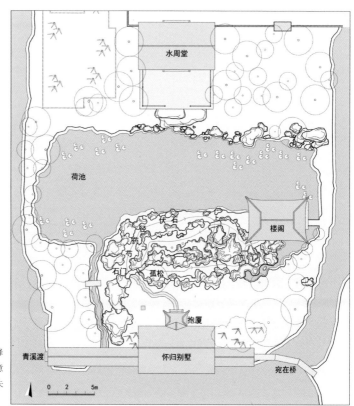

图 3-1 飞云峰
平面复原示意
图，戈祎迎、朱
云笛、黄晓绘

水周堂

荷池

楼阁

石门 孤松

抱厦

怀归别墅

青溪渡

宛在桥

0  2    5m

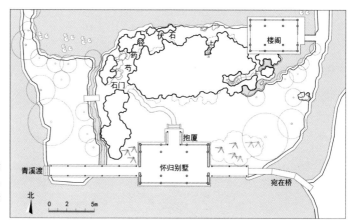

图 3-2 飞云
峰一层平面图，
戈祎迎、朱云
笛、黄晓绘

楼阁

石门

芍药

抱厦

怀归别墅

青溪渡

宛在桥

北

0  2    5m

墅间的隙地不会太宽。在如此狭窄的空间内添建敞轩，将飞云峰逼近眼前，正是为了突出假山的峥嵘高耸，就近欣赏湖石的质地肌理。怀归别墅南侧是开阔的水池，北侧是巍峨的假山，这种强烈的对比令人印象深刻。《止园图册》的第四、五两页，将这种对比鲜明地刻画出来。

第三段是绕到荷池北岸，从水周堂前对望飞云峰，对应《止园图册》第六页（图2-4）。远望飞云峰仅见轮廓，较为朦胧；近望飞云峰仅见局部，逼仄险峻。观赏飞云峰最理想的角度，是在水周堂隔池对望，池中荷叶拂动，映出山峰倒影，愈添韵致。这一隔池对山的布置，也强化了水周堂作为东区主厅的地位。

《止园图册》第四页至第六页，描绘了围绕飞云峰展开的3段空间，从开阔的前池到狭窄的隙地，再到水周堂前的荷池，一开一合一放，形成富有节奏的空间序列，同时又从不同角度展示了飞云峰的姿态，将假山的观赏与空间的体验巧妙结合起来。

### 2. 可行：欲行、难行与畅行

飞云峰假山"可行"的路线设计颇具匠心。从怀归别墅南侧遥望飞云峰，勾起游人登临的兴致，为"欲行"。穿过怀归别墅来到山峰前，却发现所对皆为悬岩峭壁，只能举首仰望，无法登临，为"难行"。欲登而不得，登临之心愈炽。

一条铺石小径将人引向西北角的石门，穿过石门后，始发现别有蹊径可寻。由吴亮《止园记》可知，随着视角的不停变换，引出一条完整的"畅行"路线（图3-1）：经石门向西、向北，是一条小径，两侧掇石堆筑花台，栽种木芍药。沿小径一转，路边有怪石如伏虎，如树屏，引导游人逐渐进入山林之中。沿小径继续右转，抵达飞云峰北侧，始见蹬道可攀与山中。登山后沿山北一路向西，度石梁，陟山巅，抚孤松；进而绕至山南，一路向东，行至假山东侧，循石级下山，以峡谷收束。沿峡谷盘旋向北，从一层穿过楼阁，又回到前路，山中之行便告一段落。

整段行程，遥望飞云峰为兴，仰望飞云峰为抑，登临飞云峰为扬。一兴一抑一扬，既与《止园图册》的第四页至第六页相对应，又与"可望"的一开一合一放相呼应，将止园飞云峰的"可行"营造得宛转起伏，异趣横生。

### 3.可游：身游与神游

"可游"与"可行"关系密切，与后者相较，前者更重游人的主观体验，包括身体体验和精神体验。就飞云峰的游赏而言，可从花径、立石、孤松、高峰四项要素分析，其体验由感官性逐渐趋于精神性（图3-2）。

一是花径，由怀归别墅敞轩向西北穿过石门后，来到一条幽曲小径，两侧花台遍植木芙蓉，吴亮称之为"芍药径"，诗曰"名花夹两城，吹动春风颜"，一路鲜花盈目，幽香扑鼻，这种体验主要是感官性的。

二是立石，沿芍药径一转，进入另一空间，路边怪石林立，如狻猊伏卧，如屏风高树，历历可赏。吴亮诗曰"侧径既盘纡，伏猊屹当关"，体现了动物象形的赏石传统 [11]。这一传统历史悠久，可追溯到唐代白居易的《太湖石记》，将湖石比拟为"如虬如凤，若跧若动，将翔将踊；如鬼如兽，若行若骤，将攫将斗者"；早于周廷策的张南阳设计的弇山园，有奇石如簪云、伏狮、渴猊、残萼等；晚于周廷策的张南垣的作品，有奇石"伏而起，突而怒，为狮蹲，为兽攫，口鼻含呀，牙错距跃，决林莽，犯轩楹而不去"。可见这一赏石风尚的流行。飞云峰山下立石所引起的动物象形的联想，使游人的体验从感官性向精神性过渡。

三是孤松，登山后向西绕过山巅，山后有一株松树。飞云峰为湖石假山，泥土很少，不利种植，在山顶植松树，显然别有寓意。吴亮诗曰"徘徊抚孤松，恍惚生烟雾"，可知是效仿陶渊明"抚

孤松而盘桓"[12]，这是明清造园常见的主题，亦见于明代寄畅园[13]
和清代环秀山庄（图4-1、图4-2、图4-3、图4-4）。因此飞云峰
此景并非简单地玩赏松树，而是通过松树与前贤的对话交流，更
重精神性的体验。止园主要的致敬对象是陶渊明，园名取自陶渊
明《止酒》诗，吴亮在门外种柳以自比为"五柳先生"，中区经
营桃坞喻指桃花源；东区主厅水周堂，则在其所对飞云峰上栽种
孤松，以呼应和突出造园的主题。

　　最后是高峰，通过高峰来象征仙境，精神性最强。吴亮诗曰：
"侧身度青霭，介然得微路。疏峰抗高云，云阴莽回互。徘徊抚孤松，
恍惚生烟雾。樛枝结菁葱，群葩借丹腴。"青霭、高云、烟雾、丹腴，
这些字句都点出飞云峰的道家寓意，立在山顶的两座高峰仿佛耸

图 4-1　张宏《止园
图册》"飞云峰北侧"
（局部），洛杉矶郡
立美术馆藏

图 4-2　北宋佚名
《陶渊明归隐图卷》，
美国弗利尔博物馆
藏

图 4-3　宋懋晋《寄
畅园图册》"盘桓"，
华仲厚藏

图 4-4　清环秀山庄
湖石假山上的孤松，
查婉滢摄

图 5　张宏《止园图册》"飞云峰南侧"（局部），柏林东方美术馆藏

入云端，使人有置身仙境之感。这种对于仙境的营造，也是下节"可居"的主题。

吴亮还特地强调飞云峰规模不大，诗曰："小山何盘陀，逶迤不盈步。……回屡窅如迷，一步一回顾。"令人联想到计成《园冶·掇山》的描述："信足疑无别境，举头自有深情。蹊径盘且长，峰峦秀而古。多方景胜，咫尺山林。"这座盈盈数十步的飞云峰假山，却能令人一步一回顾，于咫尺之地营造出深远山林，提供多方位的丰富体验，展示了晚明叠山的高超技艺和空间经营的出神入化。

### 4. 可居：洞居与楼居

郭熙《林泉高致》认为"可行可望，不如可居可游之为得"，山水的四项品评标准中，最高标准是"可居"；即李渔《闲情偶寄·山石》所称，造园的理想是"致身岩下，与木石居"。止园飞云峰正是一座"可居"之山。董豫赣《石山壹品》引宋徽宗《艮岳记》"岩峡洞穴，亭阁楼观"，点出"可居"的两种方式——天然洞府和人工楼阁[14]，在飞云峰中皆有体现。

首先是洞居，包括两种。一是飞云峰南侧的湖石从高处悬垂而下，形成险峻的半开敞洞府；二是洞穴向东北延伸，与楼阁南侧的溪水相遇，形成幽深的山水洞府（图5）。董豫赣指出，第

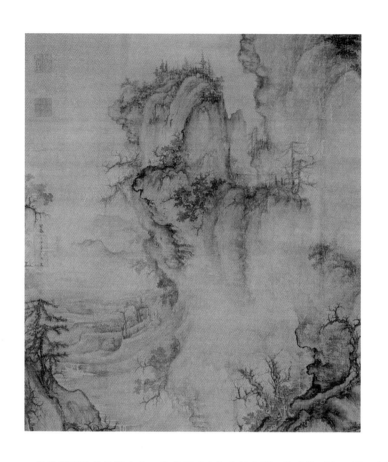

一种悬崖凹壁的单坡意象，类似于"广"字的象形，构成单面出挑的庇护所，呈现为"上大下小"之势，深受画家和叠山家喜爱[14]。如郭熙《早春图》中卷云般的峰峦，耸至高处后向前俯伸，营造出悬岩峭壁之感（图6）。计成《园冶》亦对此类悬岩赞赏有加，如称誉"山林地"的胜景之一是"有峻而悬"之趣，堆叠内室山应"壁立岩悬，令人不可攀"，堆叠书房山应"悬岩峻壁，各有别致"。计成甚至独创一种堆掇悬岩的平衡理法，特点为"起脚宜小，渐理渐大，及高，使其后坚能悬"；他宣称"斯理法古来罕有"，此前叠山家最多悬挑两石，采用他的平衡法，则"能

图6 郭熙《早春图》（局部），台北故宫博物院藏

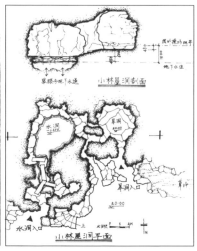

图 7 苏州洽隐园小
林屋水假山，黄晓摄
图 8 苏州洽隐园小
林屋水假山测绘图，
引自文献 [2]

悬数尺，其状可骇，万无一失"。计成《园冶》还专门谈到此类石峰的理法："峰石一块者……理宜上大下小，立之可观。或峰石两块三块拼缀，亦宜上大下小，似有飞舞势。"止园飞云峰"巧石崚嶒，势欲飞舞"，追求的正是同一境界。第二种是假山东北部山水交接处的洞府，更能反映周氏叠山的精巧。周秉忠在苏州洽隐园设计的"小林屋"水假山保存至今，也是采用这一手法（图7、图8）。韩是升《小林屋记》描述小林屋假山："时雨初霁，岩乳欲滴。有水一泓，清可鉴物。嵌空架楼，吟眺自适。游其中者，几莫辨为匠心之运。"陈从周称誉此山"层叠巧石如洞曲，引水灌之，点以步石。人行其间，如入洞壑"[5]，成为研究止园飞云峰绝佳的实物参照。

　　飞云峰的洞居，除继承神话时代的仙山形象、道家的洞府意象、画家和造园家的悬岩景象外，至少还有两方面的考虑，一是飞云峰逼近怀归别墅，下部后退形成洞府，可以扩大假山与屋舍间的空间，形成屋舍—敞轩—隙地—洞府—假山的序列，过渡更自然，体验更丰富；二是如飞云峰名称和吴亮"飞来石磴缓跻攀"

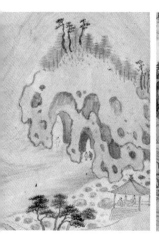

诗描述的那样，这座假山取法杭州飞来峰。飞来峰悬岩洞府的形象，被许多画家绘入图中，如宋旭《三竺禅隐图》（图9）和宋懋晋《飞来峰图》（图10），他们都稍早于张宏。随着这些图像的广泛流传，飞来峰影响到明清园林假山的叠筑，止园飞云峰堪称经典案例。

其次是楼居。洞府，无论是依傍悬岩的半边洞府还是架在溪上的山水洞府，都只做短暂的停留，无法久居；借助山石构筑楼阁，才能实现真正的可居。计成《园冶·阁山》介绍了倚靠假山建造楼阁的方法："阁皆四敞也，宜于山侧，坦而可上，便以登眺，何必梯之。"飞云峰东北角有座二层楼阁，三面以水环绕，一面紧靠假山，可从山间登至二层，无须借助楼梯。飞云峰的湖石有如仙人脚下的祥云，由此登楼，楼阁自然就是仙人的仙居。

以上两种山居方式都与道家有关。洞府是仙人居住的洞天福地，楼阁是仙人所好的楼居，游赏飞云峰的仙境之感最终在两类山居中获得满足。这一道家寓意还应从全园来理解：飞云峰处在止园东区的核心，与东区尽端的狮子坐和大慈悲阁，一道一佛，成为该区最重要的两处景致，并形成主题上的呼应。

图9 宋旭《三竺禅隐图》（局部），南京博物院藏

图10 宋懋晋《飞来峰图》（局部），引自杭州西湖博物馆编.历代西湖书画集1[M]. 杭州：杭州出版社，2010.

# 四 结 语

晚明时期造园名家迭出，叠山匠师地位上升，甚至与园主平起平坐，成为园林营造的"能主之人"，对造园的专业化具有重要意义。周秉忠、周廷策父子是其中的代表人物。周秉忠所造徐泰时东园留下众多史料，所造苏州洽隐园尚存小林屋水假山，陈从周先生誉为"国内的罕例"[5]，周廷策所造止园有丰富的图像诗文资料，为探讨这一时期由叠山匠师主导的园林营造提供了经典的案例。

综上论述，周氏父子的叠山作品主要体现为两点。

一是继承与发扬了魏晋以来"小中见大"的叠山传统，东园假山取法普陀、天台诸峰，洽隐园假山取法洞庭西山林屋洞，止园飞云峰取法杭州飞来峰，典型体现了曹汛先生总结的古代造园叠山第二阶段的特征：采用夸张手法象征自然界的真山，并与神话中的仙山联系起来。这一阶段与以张南垣为代表的第三阶段构成对比：张南垣截取真山局部，"若似乎奇峰绝嶂累累乎墙外"的手法是现实主义的，注重与周围环境的关系；第二阶段整体缩仿真山则是浪漫主义的，注重与所仿名山的关系[3]。需要指出的是，飞云峰因其写仿对象的特殊性，引发出丰富的想象意涵，将"小中见大"的象征手法发挥到极致：以往缩仿真山是将观者带到所仿名山中去，飞云峰则是将飞来峰带到所造园林之中——止园的太湖石假山俨然从天外飞来，坐落在四面环水的洲岛上，周围并无山势可借，更突出飞来之感；此山自带起峰和余脉，西北的芙蓉花台和狻猊怪石，如飞来时落在周边的散石。这组山峰与孤松、楼阁结合，安置于怀归别墅和水周堂之间，唤起观者梦幻十足的仙境想象。

二是实践和呼应了晚明时期画意影响造园的时代新风，顾凯《拟入画中行》指出，晚明叠山注重视觉的观赏和动态的游观，使"景"上升为"境"[4]。东园"高三丈，阔可二十丈，玲珑峭削，如一幅山水横披画"的石屏和可远望、近望与对望的飞云峰，体现了对视觉观赏的重视；飞云峰的可行、可游与可居，体现了对动态游观的重视。如顾凯所着重强调的，视觉观赏对应表层的画面、构图的画意欣赏，动态游观对应深层的游目、骋怀的画意原理，两者共同确立了晚明影响造园的画意宗旨。从以上两方面，我们可以更贴切地理解和评价周廷策飞云峰假山的艺术成就和历史地位。


注释：

1 曹汛《略论我国古典园林诗情画意的发生发展》："大体上从魏晋到南宋是诗人园的时代，由南宋至元明属画家园，明代以后迄于清末则以职业的造园叠山艺术家即园林建筑家为领袖了。这个变化过程，也反映了园林艺术由粗疏到文细、由自发到自觉、由低级到高级的发展进程。"

2 袁宏道《园亭纪略》记载："徐冏卿园（即徐泰时东园）在阊门外下塘，宏丽轩举，前楼后厅，皆可醉客。石屏为周生时臣所堆，高三丈，阔可二十丈，玲珑峭削，如一幅山水横披画，了无断续痕迹，真妙手也。"江进之《后乐堂记》记载："太仆卿渔浦徐公（即徐泰时）解组归田，治别业金阊门外二里许……径转仄而东，地高出前堂三尺许，里之巧人周丹泉，为叠怪石作普陀、天台诸峰峦状，石上植红梅数十株，或穿石出，或倚石立，岩树相间，势若拱匝。"韩是升《小林屋记》记载："按郡邑志，洽隐园（今惠荫园）台榭皆周丹泉布画，丹泉名秉忠，字时臣，精绘事，洵非凡手云。"徐树丕《识小录》记载："（周丹泉）造作窑器及一切铜漆物件，皆能逼真，而装塑尤精，……一泉名廷策，即时臣之子。茹素，画观音，工叠石。太平时江南大家延之作假山，每日束修一金，遂生息至万。"

3 范允临《明太仆寺少卿与浦徐公暨元配董宜人行状》称徐泰时罢官回苏州后，"益治园圃亲声伎。里有善垒奇石者，公令垒为片云奇峰，杂莳花竹，以板舆徜徉其中，呼朋啸饮，令童子歌商风应苹之曲。所称"里之善垒奇石者"即周秉忠。

4 顾震涛《吴门表隐》记载："(万历)三十二年(1604)，郡绅徐泰时、配冯恭人、同男洌、法、瀚重建(苏州不染尘观音殿)。得周廷策所塑尤精，并塑地藏王菩萨于后。"沈德潜《周伯上〈画十八学士图〉记》记载："前明神宗朝广文先生薛虞卿益，命周伯上廷策写《唐文皇十八学士图》。……伯上吴人，画无院外气。虞卿，文待诏外孙，工八法。此册尤平生注意者。"

5 范允临《止园记跋》："此吾姻友吴采于园记，而属不佞临书之石者也。"见：吴亮.止园集.明天启元年自刻本。

6 吴亮《小圃山成赋谢周伯上兼似于世于弟二首》曰："雨过林塘树色新，幽居真厌往来频。方怜砥柱浑无计，岂谓开山尚有人。书富宁营二酉室，功超不属五丁神。一丘足傲终南径，莫使移文诮滥巾。""真隐何须更买山，飞来石磴缓跻攀。气将崒嵂千峰上，心自栖迟十亩间。秀野苍茫开露掌，孤城睥睨对烟鬟。肯教家弟能同乐，让尔声名逾九寰。"《周伯上六十》曰："雀门垂老见交游，谁复醇深似大周。彩笔曾干新气象，乌巾争识旧风流。每从林下开三径，自是胸中具一丘。况有晚菘堪作供，用君家味佐觥筹。"

7 吴奕《周伯上访余兄弟郊游戏泉石问颇饶理趣赋赠二首》："一番碨磊一番新，却笑愚公不厌频。我岂平泉佳子弟，君真太华谪仙人。胸中别自有丘壑，笔底还堪泣鬼神。若写幼舆丘壑里，更宜鹤氅白纶巾。""小何山复大何山，谁道岷峨不可攀。病叟自超真假外，醉翁犹恨有无间。漫携织女寻常石，忽绾湘娥十二鬟。岂必千年变陵谷，须知五岳在尘寰。"

8 吴宗达《涣亭存稿》卷一《客有携酒嘉树园见招者，园故复庵伯手辟，以贻世于兄，先后迁异境矣。志感》，诗题中的"复庵伯"即吴中行，"世于兄"即吴奕。

参考文献：

[1] 计成.园冶[M].王绍增注释.北京：中国建筑工业出版社，2013.

[2] 顾凯.明代江南园林研究[M].南京：东南大学出版社，2010：194-195.

[3] 曹汛.略论我国古代园林叠山艺术的发展演变[J].建筑历史与理论(第一辑)，江苏：江苏人民出版社，1980：74-85.

[4] 顾凯.拟入画中行：晚明江南造园对山水游观体验的空间经营与画意追求[J].新建筑，2016(06)：44-47.

[5] 陈从周.园史偶拾[A].园林谈丛.上海：上海文化出版社，1980：184-186.

[6] 曹汛.明末清初的苏州叠山名家[J].苏州园林，1995（3）：35-36.

[7] [美] 高居翰, 黄晓, 刘珊珊. 不朽的林泉:中国古代园林绘画 [M]. 北京: 三联书店, 2012 : 301.

[8] 吴亮. 止园集 : 卷五、卷六 [M]. 武进 : 吴亮自刻本, 1621.

[9] 吴奕. 观复庵集 : 卷三 [M]. 武进 : 吴奕自刻本, 1573-1620.

[10] 黄晓, 程炜, 刘珊珊. 消失的园林 : 明代常州止园 [M]. 北京 : 中国建筑工业出版社, 2017.

[11] 顾凯. "九狮山" 与中国园林史上的动势叠山传统 [J]. 中国园林, 2016(12):122-128.

[12] 宋恬恬, 沈欣悦, 鲍沁星. 略论宋画的园林史料价值 : 以《陶渊明归隐图卷》《归去来辞书画卷》《西塞渔社图》等宋画为例 [J]. 风景园林, 2017(2）: 40-46.

[13] 黄晓, 刘珊珊. 园林绘画对于复原研究的价值和应用探析 [J]. 风景园林, 2017（2）: 14-24.

[14] 董豫赣. 石山壹品 [J]. 建筑师, 2015（1）: 79-91.

# 中西交流视野下的明代私家园林实景绘画探析

刘珊珊

## 引 言

21世纪被称为"读图时代",许多研究领域随之经历了一次深刻的"图像转向",潮流之一便是将图像作为历史证据的"以图证史"[1];甚至有学者将图像材料视为与传世文献、考古材料和人类学材料并列的"第四重证据"[2]。园林绘画是与古代园林相关的主要历史图像之一,可视为造园艺术在绘画中的投射。古代画家通过图像传达各种意义,今天则需要借助图像还原和把握这些意义。近年来园林绘画的大量发现,使将其与园林实物、遗址和诗文相结合展开研究成为新的趋势。

有学者指出,图像学研究至少需要面对两个问题:"一、如何选择图像?二、如何阐释图像?"[3]对园林绘画的解读,探寻图像内在的规律,属于"如何阐释图像",无疑是园林绘画研究的重点;但在此之前,需要先考虑"如何选择图像",即界定研究对象的范围。本文尝试探讨哪些绘画适合作为园林研究的本体性材料,分析它们的性质和特征及其形成原因,以期为这类图像的阐释提供思路。

本文选择明代私家园林绘画为研究对象。明代的私家园林一枝独秀，完全压倒了同期的皇家园林，并完成了向造园专业化的转型 [4]。与此同时，明代的绘画流派众多、杰作纷呈，浙派、吴门、松江派、金陵派……涌现出一批优秀画家。两大领域在明代的蓬勃发展，使园林与绘画产生深入的互动，最终使园林绘画作为一种类型，画意指导造园作为一种原则，真正得以成立。并使明代成为研究园林绘画的关键环节。实景绘画是"中国山水画中一个独特类别，多以写实手法描写自然山川、名胜古迹、园林宅邸等真实景致"，其中的园林绘画可视为画家以写实手法对其居住环境所做的描绘 [5]。"写实"通常被视为西方古代绘画的传统和特点，中国古代绘画被认为更注重"写意"。但具体到明代私家园林绘画这一特定的时代和画种，"写实性"是其不可忽视的特征和倾向，这其中既有对中国绘画写实传统的继承，也受到当时传入的西洋技法的启发，因此本文尝试在中西交流的视野下加以讨论。

## 二 再现与表现：中西绘画理念的差异与碰撞

绘画作为一种视觉艺术，就其图像对外部世界的反映而言，大致可分为"再现自然"和"表现自我"两类[1]。前者是西方绘画一贯追求的目标，并在文艺复兴时期获得了关键性的技术突破。中国绘画也经历过重视"再现"的早期阶段，但在元代开始转向"表现自我"。明代园林绘画的发展正处于中国早期的"再现"理念已经消退，西方的"再现"技法开始传入的时期，中西方的绘画理念和技法共同形塑了明代园林绘画的风格和特征。

### 1. 中西方绘画的不同发展历程

西方绘画的"再现"理念可上溯到柏拉图的"艺术模仿论"，

这奠定了西方绘画"写实主义"的传统,其目的或是刻画真实的人物与姿态,或是描绘室内的景物或野外的风光[6],前者为人物画,后者为风景画,共同特征是皆重视对于实景的"再现"。西方绘画艺术在中世纪发生过一次转折,受到东方和"蛮族"艺术的影响,更重装饰而非写实。但这只是一段插曲,到文艺复兴时期"写实主义"再次得到重视,成为画家孜孜追求的目标,他们探索出焦点透视学、人体解剖学、明暗投影法和色彩变化法等各种技法和规则,结合自然科学建立起一整套理论,实现了绘画极尽忠实地描绘自然的目的。19世纪的艺术史家丹纳总结了西方绘画作为"模仿"艺术的三层含义:首先是初级层次的模仿事物的外表,进而是理性地模仿事物各个部分的关系,最后是突出事物的主要特征,使其在各个部分中居于支配地位[6]。通过这三个层次,构成一套完整的"再现"理论:艺术家既需要全神贯注地观察现实世界,在画中加以逼真模仿,又需要在此基础上进行艺术的提炼与升华。

早期的中国绘画同样重视"再现"。如唐代张彦远《历代名画记》认为,中国绘画的起源是上古先民在认识世界的过程中"无以见其形,故有画",借绘画描摹外物之形;早期的画论普遍重视绘画的"再现"功能,如《历代名画记》引西晋陆机称"宣物莫大于言,存形莫善于画",引南朝颜延之称"三曰图形,绘画是也"[7],都将描绘、保存客观形象作为绘画的首要特征,其他功能皆是在此基础上的引申。陆机、颜延之指的主要是人物画,借图绘先贤来宣扬教化;山水画也在同一时期兴起,与人物相比,再现山水无疑要困难许多,但历经数百年的发展,北宋自然主义山水画取得了崇高的成就,旨在重现自然的客观描述性手法得到了极致的展现。北宋绘画大家的创作方式之一便是身临其境地观察、体悟自然,他们独特的笔法被认为表现了不同地域的景色特征:范宽的"雨点皴"生动捕捉到关中陕西地区雄浑的景致风貌;

郭熙的"卷云皴"展现了黄土高原一带土石相间的蓬松地貌；李唐的"斧劈皴"再现了山西、河南交界处太行山的体量感和凹凸不平的受光表面。以上都属于北方山水，南唐的董源则被沈括《梦溪笔谈》评价为"多写江南真山"。宋代山水画"再现"自然的成就甚至得到了西方学者的认可，贡布里希将中国的宋代与古希腊和文艺复兴并称为再现艺术历史上最辉煌的三个时期[8]。

　　然而，中国山水画在北宋达到客观再现自然实景的高峰后，开始转向主观与写意，外在的世界不再得到重视，宋代之后的画家更注重表达内在的自我旨趣，如高世名概括的："中国文人画家与世界所发生的最重要的关系不是模仿，而是起兴。起兴是在时、机之中由一物一景引发感怀兴致，世界与人的共在关系由此情激荡而出。"[9] 由此发展出后世熟知的中国绘画"写意"的特征。气韵生动、笔墨精妙取代形色逼肖、度物取真，成为元明时期绘画的追求目标和评价标准。

### 2. 明代中西方绘画的碰撞与交流

　　中西方的艺术交流在历史上发生过多次，如汉代与古罗马雕塑的交流互动，唐代佛教传入带来的明暗技法。17 世纪，西方绘画已拥有一套完备的写实技法，中国绘画则已完成从写实向写意的转向，这一背景使明代绘画领域的中西交流和碰撞充满意趣。

　　明代时期西方的写实艺术随着传教士进入中国，最重要的人物是利玛窦，绘画和雕塑是其传教的重要手段。可以想象，当时接触的中西双方都对彼此的艺术充满了不解和轻视。利玛窦认为中国人的绘画"对油画艺术以及在画上利用透视的原理一无所知，结果他们的作品更像是死的，而不像是活的"[10]，从西方的"再现"原则看，明代不注重空间营造的绘画被评价为"死气沉沉"。而以董其昌为首的主流画家也对利玛窦的艺术观点和西洋艺术毫无兴趣。宋元转型后的明代绘画主要关注笔墨气韵和诗画关系等涉及"雅俗之辨"的议题，利玛窦的西方观点既然是关注物象景致的再现，在中国文人眼里便属于世俗的"众工之事"，他的西洋艺术也只是一种"奇技淫巧"，可供偶一猎奇而无法登大雅之堂[11]。

不过，与主流画坛的冷遇不同，利玛窦的西洋绘画在民间获得了积极的回响，并引起一些著名文士的赞叹。如顾启元《客座赘语》称赞西洋画中的天主耶稣"其貌如生。身与臂手，俨然隐起帧上，脸之凹凸处，正视与生人不殊"。姜绍书《无声诗史》也赞叹"利玛窦携来西域天主像，乃女人抱一婴儿，眉目衣纹，如明镜涵影，踽踽跃动，其端严娟秀，中国画工无由措手"[12]。同样对西洋绘画感兴趣的还有主流画坛之外的其他画家，最典型的是人物画家，如曾鲸与利玛窦有过交往，他潜心揣摩西洋技法，形成独特的肖像画风格，取得了极大的成功，"其写真大二尺许，小至数寸，无不酷肖。挟技以游四方，累致千金云"。[13]

对本文而言，更具意义的是明代风景画对于西洋绘画的借鉴。运用透视学的西方绘画视野开阔、远近分明、比例协调，擅长在二维平面上营造三维空间，这正是园林绘画追求的目标之一，引起了晚明画家的关注。然而拥有深厚传统的明代园林绘画绝非简单地模仿西方绘画，下文将重点讨论的是，明代画家是如何融合明代的纪实风尚、宋画的写实传统和西方的再现技法，形成既非复古、亦非西化的独具特色的明代园林绘画风格。

## 三　明代园林绘画的写实倾向：时代风尚、西洋技法与宋画传统

明代园林绘画的实景特征已引起不少学者的注意。柯律格《明代的图像与视觉性》指出，最迟到明代中期，园林绘画已开始呈现出非常写实的贴近生活视觉体验的理念，他将此类图像归为"具象艺术"，强调"如果认识不到具象艺术的某些时尚和技

巧在明代文化中的特殊地位，且对此不予重视，任何转向'视觉文化'研究的尝试都只会受挫"[14]。肖靖也提到明代江南园林注重绘画写实与视觉体验的倾向，指出明代画论的"写意"与绘画的"写实"之间存在错位[15]。基于对以上观念的认同，本文尝试从时代风尚、西洋技法和宋画传统三个方面，探讨明代园林绘画形成写实倾向的原因。

## 1. 以园入画的时代风尚

中国古代园林绘画的出现至少可上溯到唐代，目前传世的尚有传为卢鸿的《草堂十志图》和王维的《辋川图》等。园林绘画在明代达到鼎盛，数量繁多，类型丰富[16]，与明代造园活动的兴盛密切相关。明代造园以苏州府与松江府最为兴盛，即顾凯指出的，明代江南"各地都有一些名园记载，而以苏州府为最……明代后期松江府的园林兴盛，在江南地区仅次于苏州府地区，并有着自身的特色"[17]。无独有偶，如今存世的园林绘画也以"吴门画派"与"松江画派"最多，并呈现出师徒相承的模式。吴门画家如杜琼有《南村别墅图》，其弟子沈周有《东庄图》，三传文徵明有《拙政园图》，四传钱榖有《小祇园图》，五传张复有《西林图》，六传张宏有《止园图》；松江画家如孙克弘有《长林石几图》，宋懋晋有《寄畅园图》，其弟子沈士充有《郊园图》[18]。

顾凯《明代江南园林研究》指出，明代园林并非一个静态的整体，而是具有多样性的动态演变过程[16]，这一判断也适用于明代园林绘画。以几套园林册页中的全景图[2]为例（图1），成化年间沈周的《东庄图》已开始表现园林全景，第一幅"东城"通过截取几个要素：一段带城门的城墙、一条上跨石桥的河流、一片开阔的田地和一组掩映在林木间的屋舍，来概括东庄的风貌，尚未着意于真实再现；万历年间宋懋晋的《寄畅园图》则描摹出整座园林的轮廓、大致的格局和主要景致的位置，不过各景的空间

图1 明代园林全景图比
较。上：沈周《东庄图·东城》，
南京博物院藏；中：宋懋晋
《寄畅园图》（局部），私人
收藏；下：张宏《止园图》，
柏林东方美术馆藏

关系仅具有拓扑的相关性，尚不准确。这些特点在天启年间张宏的《止园图》中得到了进一步改善，止园全景图从一个较高的视点俯瞰全园，令人信服地描绘出园林的空间格局和景致关系。由以上三幅图可以看到在 100 多年的时间里，园林绘画的变化之大，其中一条潜在的线索，便是"写实程度越来越高，技法和模式不断改进，展示了画家在忠实摹写园貌这一方向上的不断探索和革新"[19]。产生这一变化的原因之一，与笔者曾论述的园林绘画的"功能性"特征有关。此类绘画是接受园主委托而作，因此更重视再现园林的景致，而非表现画家的自我。当时甚至出现了系统的组织，由专人负责招募画家、书法家和诗人，在园林建成后合作完成绘画和诗文。与这一变化相应的，是明代园林绘画的创作者，从早期的沈周、文徵明等文人画家，逐渐变为张宏、宋懋晋等半职业画家。园林绘画的这种实用性价值，使注重"写实"成为画家自觉的追求之一 [19]。

## 2. 西洋技法与宋画传统

明代园林绘画的发展首先建立在上述杜琼、沈周以来的大量创作实践上，积淀了丰富的经验，奠定了园林绘画的基本风格。但后期的演变受到晚明传入的西洋绘画的启发，画家从中发现了描绘空间的新方式，并回溯到宋画的写实传统，将两者结合进新时代的创作中。这些特点在晚明大量的山水画中都有体现，高居翰《气势撼人》一书分析了赵左、沈士充、邵弥等人作品中的西洋影响 [20]，而从张宏和吴彬的一些作品中，则可以看到西洋技法和宋画传统是如何密切结合起来的。

1639 年张宏所作《越中十景图》中有一幅表现了大河两岸的景致（图 2-1）：近景是一片坡麓，上有林木屋舍，对岸远景是一道城墙，背后有城门佛塔，近景与远景几乎平行布置，连接两岸的是一道近乎垂直的长桥。1600 年至 1605 年间吴彬所作《岁华

图 2-1　长桥两岸式构图。张宏《越中十景图》，奈良大和文华馆藏

纪胜图·大傩》也有类似的景致：近景是一片屋舍田地，通过一座长桥，连接到对岸远景的集市。高居翰指出，自元代以来这种构图便极为罕见，"中国画家通常不将画中的近景与远景如此紧密地扣合在一起"[20]，而是盛行倪瓒"一江两岸"的图式，近景刻画细致，中间隔着开阔的水面，并对比过渡到对岸缥缈的远景。张宏和吴彬这种"不合时宜"的构图很可能是借鉴了他们所见到的西方绘画。1572 年出版，最迟于 1608 年前传入中国的《全球城色》的《堪本西斯城景观图》[20]，正是采用了长桥连接两岸的构图，与张宏《越中十景图》非常相似，尤其是对岸平行于画幅的连绵城墙，很可能是张宏此图的范本。（图 2-2）张宏、吴彬图中的细节也印证了他们对西方技法的借鉴：两图的长桥都是越往深处越窄，表现出明显的透视关系，与中国绘画"内大外小"的空间表现方式相反（图 2-1、图 2-2）。长桥两岸的构图在元明绘

图 2-2　上：吴彬《岁华纪胜图·大傩》，台北故宫博物院藏；下：佚名《堪本西斯城景观图》，引自《全球城色》第二册

画中极为罕见，但如果进一步上溯，会发现这是宋画的惯用构图
之一，如著名的《清明上河图》中虹桥两岸的景致，以及南宋李
嵩《西湖图》中的断桥与孤山（图3）。张宏《越中十景图》与欧
洲《堪本西斯城景观图》的图式一致，吴彬《岁华纪胜图·大傩》
则与宋代《清明上河图》的图式一致，恰好对应西洋技法的影响
和宋画传统的复兴。

　　还有更多证据能够证明晚明的山水、园林绘画与宋代绘画的

关系，如吴彬《方壶圆峤图》对范宽《溪山行旅图》巨幛式风格
的模仿（图4），上引张宏《止园图》的高视点全景俯瞰（图1）
在明代绘画中不多见，却与宋代《金明池夺标图》的视角相近。
宋代重视再现的绘画风格在中止5个世纪后，被晚明的一些画家
再次发现和借用，形成一股复兴的潮流，这绝非巧合。结合中西
的交流、晚明的风尚等时代背景来看，很可能是由于画家与西方
绘画的接触，启发了他们对于宋画传统的重新认识，最终在"再

图4 左：吴彬《方
壶圆峤图》，美国景
元斋藏，右：范宽《溪
山行旅图》，台北故
宫博物院藏

现"这一理念的缩结下,将宋画传统与西洋技法融合进追求"写实"的园林绘画中[20]。

需要强调的是,明代园林绘画并非一开始就具有强烈的实景特征,也并非一开始就受到西洋技法的影响。而是在其发展过程中,画家对于实景再现的追求越来越明晰,因此在西洋技法传入的时候,才会得到他们的注意,被他们吸收化用进作品中。正是站在这一园林绘画发展的内在理路上,高居翰将张宏和吴彬赞誉为这一领域成就最为突出的画家。张宏《止园图》实现了园林绘画对于空间的征服,如从不同角度描绘飞云峰,湖石的孔窍肌理、石峰的飞舞之态以及山间的游览路径,皆予人身临其境之感(图5);吴彬《十面灵璧图》则极尽摹写之能事,从十个角度为一块奇石写照传神,将其姿态纹理刻画得栩栩如生[21](图6)。这类绘画的出现和对其成就的评价,都需置于西方影响、宋画复兴的晚明时代背景中加以理解。虽然自元代以来忠实摹写视觉所见便一直受到贬抑,但"实景再现"的理念在明代园林绘画中找到了回响和归宿,明代画家在这一方向上的努力,为今天研究明代园林提供了一座宝库,对于认识明代园林的面貌,分析明代造园的意匠,探讨明代园林与绘画的互动,具有重要价值。

## 四 结 语

借助绘画等图像资料研究古代园林的关键之一,便是对图像信息可信性的判断。无论是怀疑图像的真实性避而不用,还是轻信图像的真实性简单采信,都不利于"以图证史"的深入展开。本文选择园林绘画发展史上最为关键的明代时期,从中西方绘画发展和交流的角度,分析明代园林绘画的性质和特征。通过以上分析可尝试给出此类绘画的界定:明代私家园林实景绘画,是以园林中的真实景致为基础,画家运用特定的风格和技法进行描绘

图5 张宏《止园图》之飞云峰，两图分别藏于柏林东方美术馆和洛杉矶艺术博物馆

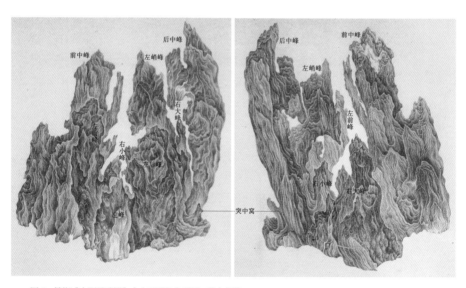

图6 吴彬《十面灵璧图》之左正面与右正面，私人收藏

的写实类作品；图中的景致既非完全想象的产物，亦非对于园林的简单实录，而是经过选择和取舍，运用绘画语言对于园景的"再现"。明代园林绘画在景致物象的捕捉、空间层次的经营、园林神韵的传递等方面都有独到之处，这奠定了其独特的艺术成就和地位。这类作品以明代绘画的创作实践为基础，并有宋代绘画的写实传统可借鉴，西方绘画只是作为刺激和引发，它们因此主要呈现为典型的中国风格，与清初完全西洋化的透视画并不相同。本文对明代园林绘画实景特征的讨论，肯定了其作为史料的史证价值，为从动态演变的视角，深入分析具体画作再现景致的方式和程度提供了思路。

注释：

1 台湾艺术史学者石守谦《对中国美术史研究中再现论述模式的省思》一文将"再现自然"和"表现自我"作为绘画史学界的两大中心议题，前者对应"写实"，后者对应"写意"。参见文献 [11]：29-48。

2 顾凯指出，明代园林图册普遍出现整体鸟瞰图，表明园林的整体性已成为重要的特点，以往只描绘各景的方式已无法全面呈现园林的特色。参见顾凯 . 拟入画中行——晚明江南造园对山水游观体验的空间经营与画意追求 [J]. 新建筑，2016（6）：44-47。

参考文献：

[1] [ 英 ] 彼得 · 伯克 . 图像证史 [M]. 杨豫译 . 北京：北京大学出版社，2008.

[2] 叶舒宪 . 第四重证据：比较图像学的视觉说服力 [J]. 文学评论，2006（5）：172-179.

[3] 陈明 . 图像的选择与阐释——艺术史书写如何面对图像化的时代 [J]. 中国美术报 . 第 57 期，2017.3.6：21.

[4] 顾凯 . 画意原则的确立与晚明造园的转折 [J]. 建筑学报，2010（S1）：127-129.

[5] 北京画院主编 . 唯有家山不厌看 : 明清文人实景山水作品集 [M]. 广西：广西美术出版社，2015：序一 .

[6] [ 法 ] 丹纳 . 艺术哲学 [M]. 傅雷译 . 天津 : 天津社会科学院出版社，2007 : 39，53-54.

[7]（唐）张彦远 . 历代名画记 [M]. 北京 : 人民美术出版社，2004.

[8] [ 英 ] 贡布里希 . 木马沉思录 · 艺术理论文集 [M]. 南宁 : 广西美术出版社，2015 : 26.

[9] 高世名 . 山水之危机 [A]// 行动的书 . 北京 : 金城出版社，2012 : 235.

[10] [ 意 ] 利玛窦 . 中国札记 [M]. 第一卷 . 第四章 . 北京 : 中华书局，2010 : 22.

[11] 石守谦 . 从风格到画意 : 反思中国美术史 [M]. 北京 : 三联书店，2015 : 31-32.

[12] 方豪 . 中西交通史 · 下 [M]. 上海 : 上海人民出版社，2015 : 762-763.

[13]（明）谢肇淛 . 历代笔记小说大观 · 五杂俎 [M]. 上海 : 上海古籍出版社，2012 : 128.

[14] 柯律格 . 明代的图像与视觉性 [M]. 北京 : 北京大学出版社，2011 : 12.

[15] 肖靖 . 明代园林以文本为基础的建筑视觉再现——以留园 "古木交柯" 为例 [J]. 建筑学报，2016（1）: 31-35.

[16] 黄晓、刘珊珊 . 园林画 : 从行乐图到实景图 [J]. 中国书画，2015（9）: 32-27.

[17] 顾凯 . 明代江南园林研究 [M]. 南京 : 东南大学出版社，2010 : 125、143，2.

[18] [ 美 ] 高居翰、黄晓、刘珊珊 . 不朽的林泉 : 中国古代园林绘画 [M]. 北京 : 三联书店，2012.

[19] 黄晓、刘珊珊 . 园林绘画对于复原研究的价值和应用探析 [J]. 风景园林，2017（2）: 66-76.

[20] [ 美 ] 高居翰 . 气势撼人 [M]. 北京 : 三联书店，2009 : 98-113；23-31.

[21] 黄晓、贾珺 . 吴彬《十面灵璧图》与米万钟非非石研究 [J]. 装饰（总第 232 期），2012（8）: 62-67.

# 避暑山庄理水造境探微

胡霜霜

避暑山庄是清代皇家园林中规模最大的、也最突出自然美的
"山水宫苑"。"山庄以山名，而趣实在水"，是中国古典园林理水
造境之典范。探究避暑山庄理水造境，先从造园源流出发，阐明
康熙及避暑山庄的造园思想；再通过释读图（景）文的方式对山
水形胜进行考证，分析相地与山庄水源关系；最后，对造园意匠
进行剖析，探析山庄造境的实现路径。

## 一 康熙及山庄造园思想

避暑山庄始建于清康熙四十二年（1703），兴建者康熙，是
清代皇家园林的奠基人。他在思想上为清代皇家造园树立了典范，
为"乾嘉"两朝在造园活动中取得高峰境地奠定了基础。园林历
史学家周维权先生在《中国古典园林史》一书中客观地评价康熙：
"康熙本人在中国园林史上的地位也应该予以肯定。"[1] 而他营造
的避暑山庄被称为"开创了一种特殊的园林规划——园林化的风
景名胜区"。[2] 天津大学王其亨教授更是称其为"中国皇家造园
思想家——康熙"。[3] 康熙的造园思想，是否有他的独到之处？
结合历史背景来考虑，清初处于中国古典园林的成熟期的第二阶

段，康熙的造园思想受到前朝的影响深远，他可谓是中国古典园林的集大成者。据文献记载，康熙极好江山美景，他的圣迹遍布中国一半以上的区域，还把心得写进《御制避暑山庄记》：多次巡游江干，两幸秦陇，北过龙沙，东游长白……可见，他对山川地势、风土气象以及自然景貌都有着远见卓识。丰富的循行活动是他造园灵感的来源，尤其是江南秀美的自然风景和江南园林精湛的造园意匠在很大程度上影响着他的审美观和造园意趣。事实上，他的造园思想首先受中国传统文化的影响。他崇奉理学世界观，将儒家"格物致知"（《礼记·大学》）的科学精神融入他的相地规划中，他还深刻认识到"致中和，天地位焉，万物育焉"（《中庸》）的儒家自然观，并以此作为园林创作的指导思想。兴建园林时还吸收了道家治国"见素抱朴"（《老子》）的哲思……因此，他的造园思想主要茹涵着三个方面的观点：崇奉"格物致知"的儒家思想、主张"崇朴鉴奢"的道家思想及融糅"江南诗画"的文人意蕴。避暑山庄是实现他的造园思想的物质世界和精神家园。下文主要就他的儒家造园思想展开探讨。

避暑山庄是康熙兴建的第二座离宫御苑，从选址、规划到施工处处体现他所崇奉的"格物致知"的儒家造园思想。他为第二景"芝径云堤"作诗中记叙了踏勘、择址时的情境：当他路过武烈河边的热河上营时觉得这是一块气候宜人、林木茂盛、景象丰饶的风水宝地。由感至理，他访问乡村的老人，寻问此地有无记载古迹的石碑，足以见得他相地择址所体现出来的"格物致知"的造园思想。得知这里曾是蒙古的牧马场，无人烟、无坟冢，且草木茂盛、环境清净、泉水充沛、人少疾病。康熙又亲自勘察荒野地貌，通过科学的测量后，又充分考虑天然植被与生态的平衡，提出利用原地形"庄田勿动树勿发"的规划湖堤、筑堤栽树的原则，这是他将科学精神和生态观融入了造园前期的规划中。考虑到人力的节约，为避免大兴土木消耗劳力和财力，意识到"游豫常思伤民力，又恐偏劳土木工"与"不待人力假虚设"的问题，他提出"自然天成地就势"的"致中和"的儒家中庸观念……以上主要通过释读康熙笔下的《御制避暑山庄三十六景诗》，剖析康熙及避暑山庄的造园思想：取儒家、道家哲思精粹与文人思潮的大融合，凝练成避暑山庄的造园思想。这为山庄充分展现大自然生态环境的美姿及造境理景奠定了良好的理论基础。

避暑山庄在相地和园林创作时主要受儒家思想的影响，在兴建园林时还提倡"朴"，以道家"见素抱朴"的治国哲思为界，"崇朴鉴奢"。同时，他还提出"宁拙舍巧洽群黎"的造园观点与道家"大巧若拙，大辩若讷"（《老子》）的修身之道高度一致。"朴"与"拙"贯穿于康熙对山庄的相地、筑造的方方面面。山庄初具规模后，康熙通过诗画点景的方式融糅"江南诗画"之文人"意"与"蕴"，将"朴"与"拙"通过艺术化升级为园林造境。内府于康熙五十一年（1712）刻朱墨套印本，刊出康熙撰写的《御制避暑山庄三十六景诗》，揆叙等注，画家沈喻绘《三十六景诗意图》（图1），画家冷枚作《避暑山庄图》大轴……诗、画、园的触类旁通及对大自然生态美姿的注重很好地被融创到皇家造园之中，这确是康熙造园的高明之处，也是清代皇家造园在宋、明御苑之后的一次大的发展。

## 二 相地与山庄水源关系

造园家计成对园林相地提出过精辟的论述："相地合宜，构园得体。"对于园林理水的处理，也有独到的观点："高方欲就亭台，低凹可开池沼；卜筑贵从水面，立基先究源头，疏源之去由，察水之来历。"[4] 这一观点涵盖园林营造中与"水"相关的水源关系、水利兴修和理水造景三个层面。其中，水源关系就是康熙相地选址首要考虑的必要条件。康熙的造园思想还深受宋理学的影响，

曲水荷香

碧溪清淺隨石盤折流為小池耦
花無數綠葉高低每新雨初過平
隄水尼落紅波面貼貼如泛杯蘭
亭觴詠無山天趣
　　　七言絕句

荷氣氛差遠益清　庚信詩半道聞荷氣中流
即景詩〔　　曲水荷香　〕
蘭亭曲水亦盧名　馬
荷氣王安石詩荷氣馥初涼方岳詩只餐荷氣亦
相望杜衍詩蔘破蒼苔泒作池艾荷分得綠茶差
周子愛蓮說香遠益清亭亭淨植可遠觀而不可
襄玩　蘭亭曲水亦盧名　水經注浙江又東與蘭
口有亭號曰蘭亭王羲之蘭亭修禊事也又有天柱山湖
於會稽山陰之蘭亭脩禊事也又會溪合南湖有天柱山湖
映帶左右引以為流觴曲水列坐其次哲進日秦昭王以
傳武帝間勢虞三日曲水之義哲進日秦昭王以
三日置酒河曲見金人奉水心之劍因立為曲水
北史曲水者取乾道成萬物無滯蜀志秦宓傳

图1《三十六景诗
意图》（曲水荷香），
中国国家图书馆藏

他借宋朝著名的理学家朱熹借水喻理的观点："问渠那得清如许？为有源头活水来。"（《观书有感二首·其一》），深刻领悟了园林理水的传统做法。他非常重视探勘选址时的生态环境，认为"泉水佳，人少疾"。因少时始患头晕之症，他把功劳归结于环境"蒙古地方水土甚佳"，精神日健。随行的张廷玉为康熙的《御制避暑山庄三十六景诗》跋文，称赞此地是不可多得的风水宝地，兼具西北山川之雄奇，东南山水之幽曲。确实如此，避暑山庄延纳中国山河之版图，有湖沼、平原、草地、峡谷、山泽等地形，水源充沛，天然形胜可谓得天独厚，实属罕见。其中诗文（跋）中点出的"泉水佳""水土甚佳""清流萦绕"及"至热河而形势融结"，可以归结为山庄的三大主要水源。据《钦定热河志》载：

> 山庄内本有温泉出而汇武烈之水，俗遂有热河之称，兹虽为府为县而仍以热河称之者，存其朔，便于众也。[5]

　　在山庄营造之初，庄内的热河温泉与庄外武烈河是山庄两处主要自然水源，前者更是当地最著名的水资源，故而被冠以地名，第三处水源是庄内山区的山泉流瀑。康熙开拓湖区以前，里外的水道在拟建山庄范围内仅仅是顺自然坡度由北向南流的沼泽地。里面的热河温泉和集山区之水造成"Y"形交合。外面是武烈河。二者又自然成"V"形汇合。[6]基于这样的水源关系，康熙本着"自然天成地就势"的造园原则，大量地保留了自然生态美姿，将山庄造境的核心定义为"水心山骨"。

　　"疏源之去由，察水之来历"，分析山庄的相地与水源关系还要结合山体一起来看。《钦定热河志》对山庄的整体山水形胜做了概述：

> 避暑山庄阴阳向背，爽垲高朗，地居最胜，其间灵境天开，

气象宏敞，府武烈之水，挹磬锤之峰……[7]

避暑山庄的山水"形胜"符合康熙选址的诸多要求。从清管念慈所绘的《热河行宫全图》（图2）可见，山川地势符合"四方朝揖，众象所归""普天之下莫非王土"的帝王政治心理。从整体山川、地势、水态来看，山庄居于群山环抱之中，西北高，东南低，宫殿设于南端高岗之上，据岗临下，"因而度高平远近之差"，具备"开自然峰岚之势"的气度。北面有金山层峦叠嶂作

为天然的屏障，以狮子岭、狮子沟自然为界；南面可远观僧冠诸峰；西有广仁岭相接；东面有棒槌诸山毗邻相望，武烈河自东北角折而南流入山庄，以自然为界。山庄内的热河温泉"形势融结"于东南，还有山泉流瀑自山谷而出。如此"形胜"，加之山庄外围日后又布以"外八庙"，极好地创造了"众星拱月"之势，有众辅弼拱揖于帝王左右的"一统天下"之意。外旷内幽的地理大势，也符合康熙"避暑"所要"静默少喧哗""避喧听政"的心境。这里的山水形势融结，是构成山庄小气候的主要原因。避暑山庄

图2 管念慈《热河行宫全图》

之名确实是实至名归，夏天热得晚，秋凉来得早，夏季平均气温22摄氏度至24摄氏度，空气清新、湿润、凉爽。此外，从惟兹热河"道近神京"来看，"往来无过两日"的交通便捷和易于设防的条件也是康熙帝择址不可忽视的原因。

综上，相地与水源关系的梳理，为山庄着重湖州区的风景开发明确了立意，再经水利兴修、堤岸筑造等造园技术与理景处理，最终通过"理水构景"和"以水造境"两个层面的创建，突出山庄理水造境。"山庄以山名，而趣实在水"，实为中国古典园林中理水造境的经典之作。

## 三　山庄理水造境探微

山庄山水"形胜"得天独厚，自然之山层峦叠嶂、岩限幽曲，但缺大面积的浮空泛影的水面。康熙深知此处园林胜趣在于理水，初期的规划以湖区水系水景的处理为重点。他曾评价避暑山庄大格局属于"水心山骨"。湖区水面占地广阔，达800余亩。康熙三十六景中大量景点荟萃于此，其中根据清冷枚《避暑山庄图》有二十四景图以水景取胜（图3）。湖区的营造需通过挖湖之土用以组织局部空间形成堤岸、水面，以协调各景点间的关系，弥补天然之不足。这里主要借鉴了杭州西湖洲岛的关系，以随树筑堤、为洲为岛划分水面理水构景，再"因借"自然山水，题刻诗情画意，其目的在于以水造境。

### 1. 理水构景

从历代皇家园林宫苑与城市的水利兴修来看，清代的水利技艺高超，水利与水景的结合已经浑然天成。明末清初是中国古典造园技术的成熟期，皇家造园已有自己专属的设计机构——样式房。康熙聘用叠石工匠张然、大木工匠"样式雷"家族雷

图3 《康熙二十四
水景题名图》，根
据故宫博物院藏冷
枚《避暑山庄图》
改绘

发达等人，主持皇家园林的规划设计和施工管理。山庄园林理
水的首要问题是沟通水系，即水道、水利工程。首先，顺着水
势，引武烈河水向西南流入山庄，这是山庄湖水的主要水源之一。
他考虑到水质卫生等问题，要设置泥沙沉淀地。第一处沉淀地
为"暖流暄波"，位于永佑寺东北面，是建于宫墙之上的重层楼阁，
被称为"康熙三十六景"中的第十九景。在此处设置一进水闸，
进水闸前的引水道具备用闸门控制、降低流速和沉淀泥沙的功
能。"暖流暄波"往西开挖了"半月湖"，又是一处沉淀泥沙的
沉淀地。此地的水源来自庄内山区的"北枕双峰""泉源石壁""南
山积雪"等的山泉流瀑，多方山泉流瀑汇入半月湖沉淀泥沙后
往南，由湖收缩为河，与东北角"暖流暄波"的暗渠之水交汇

形成如扬州瘦西湖"长河如绳"般的长湖。湖岸自北向南设有"石矶观鱼""曲水荷香""远近泉声"等构景点。长湖之水在纳入"旷观"之后，分东西两路南流，东面之水汇入湖州区，而西面理水很有意趣。西面水道形态犹如西面山体轮廓线，可谓"山脉之通按其水径"与"水道之达理其山形"的画理。临近湖区，堤桥隔出"西湖"和"里湖"，其手法"犹西湖之里外湖也"。桥的两端设康熙三十六景中的"双湖夹境"与"长虹饮练"两个牌坊，用以点景。这里设置了界湖水口，湖岸是天然的岩石。沿着西湖之水南流，汇入山庄的核心湖州区。

湖区原为沼泽地，遵循先"入奥疏源"后"就低凿水"的理水原理。通过疏浚、筑堤，湖州区水面主景区为"芝径云堤"，启到控制湖区大格局的作用。"逶迤曲折，径分三枝"，分别伸向左侧的云朵洲、居中的如意洲和右侧的月色江声洲。康熙把它定为第二景，因山庄修建最先动工的是湖区土方平衡工程，所以"芝径云堤"修建时间为最早。堤岸划分出了上湖、如意湖、澄湖和下湖四大水面。湖面形式丰富，有广狭、长短、旷奥之分，最终又围绕堤岸形成一个整体水域。乾隆时期在湖州区的西南面又开拓了银湖和镜湖。东南角下湖和银湖的堤岸建有"水心榭"，"一缕堤分内外湖"。从水利的角度来说，这又是一个控制水位的水工构筑物。其始建于康熙四十八年（1710）。考虑到水利和造景的需要，乾隆在原来水闸的位置上建"水心榭"，出水闸墩成八孔，夹水横陈，水光倒影，"上头轩榭水中图"。湖区的水顺走势过水心榭流出山庄外，又回到庄外的武烈河之中。山庄理水尊重水脉走势，合理控制水流、梳理水系的做法充分考虑自然生态水系与造景之间的融合，因地制宜，"精而合宜"。湖州区通过布置湖、堤、岸、岛、桥、临水建筑亭榭和树木，理水融合山、建筑和植物，呈现出宛若仙境的画卷。

图4《湖州区二十四
水景题名图》，根据
王大丑航拍图改绘

### 2. 以水造境

　　康熙与大多数造园贤者一样，擅长诗画造境。山庄落成后，他兴致勃勃地写下了《御制避暑山庄三十六景诗》二卷以记其事。命宫廷画家冷枚作《避暑山庄图》大轴，比对实景，此画就是一张"鸟瞰图"。以画绘园景，以诗叙园记。这是中国园林史上山水画、山水诗与山水园触类旁通而呈现的独特的韵律，意境不言而喻。康熙帝通过对古诗词广征博引写下了三十六景诗，并取四字用以题景名。康熙"三十六景"中有一半以水命名，主要景点集中在湖区。有"芝径云堤、金莲映日、云帆月舫、西岭晨霞、澄波叠翠、延薰山馆、水芳岩秀、无暑清凉、镜水云岑、天宇咸畅、莆田从樾、莺啭乔木、香远益清、濠濮间想、水流云在、芳渚临流"等，一共十六景。加之长河一带的"长虹饮练、双湖夹镜、石矶观鱼、远近泉声、曲水荷香、水容云态、泉源石壁、暖流暄波"等八处水景，共计二十四景（图4）。其中"水流云在"源于"水流心不竞，云在意俱迟"（杜甫）的意趣；"风泉清听"取意"风泉满清听"（孟浩然）的诗境；"香远益清"与《爱莲说》（周敦颐）共雅洁……

以上景名的共同点都在于园林意境的生发主要通过水景来创造，方可"以水造境"。这与康熙帝初创山庄时的造园思想是一脉相承的，他把儒道思想、自然风貌和江南诗情画意都融合到山庄造园之中，通过"理水"造境这一物态化地形态，特别细腻地将人的情感、人格、志趣、心境与大自然的生生不息的宇宙观联系到一起，创造一个超越心性的山水之境和人文之境。这一点，淡化皇家造园气势，在历代皇家造园中算是一种大胆的开创。

除了诗画造境外，山庄还有模拟全国山岳河湖、名园胜景的传统，通过写仿天下的手法创造意境。旧有秦始皇之上林苑写仿"六国宫"；宋徽宗之艮岳仿杭州凤凰山；清朝皇家园林中有圆明三园、清漪园、避暑山庄等将写仿的对象从建筑、名山胜水扩大到私家园林、寺庙、祠堂及公共景观建筑。其中避暑山庄就是以写仿江南私家园林、名胜风景取胜。诸如杭州西湖、镇江金山、嘉兴南湖、苏州沧浪亭……以上被写仿的对象本身也是以水景取胜的风景名胜，对于山庄而言，既借其形，更借其韵，"巧于因借"，妙趣横生！山庄的园林经营延纳天然之趣、"因借"山水之美，题刻诗情画意，融集中国园林南北风格于一体、博采名园胜景于一园，其目的都在于以水造境。

# 四　结　语

本文将避暑山庄理水造境的独特性提炼为"避暑山庄"模式，其包含两大层面的观点。其一，从中国古典园林理水的发展历程来看，山庄理水艺术是中国古典园林理水意匠的一个缩影。它既沿袭了自秦汉以来皇家重视"一池三山"模拟仙境造境的传统，也符合皇家兴造园林首要考虑兴修水利的法则；又从唐宋文人园林中汲取了注重诗情画意的"写意"手法，理水以模拟大自然水体为尚；最后，"仿中有创"借明清时期江南园林的理水意趣，为皇家造园高峰的到来树立了典范。其二，作为一个独立的园林而言，具备完备的造园思想、造园技术和艺术体系。先是基于地形地貌的条件优势，康熙将山庄定义为"水心山骨"。再是因地制宜，恰到好处地将自然山水景貌与水域洲岛的开发、生态水系的疏通有机地整合于一体。通过理水造景，采用启、承、开、合以及对比、透景、障景等手法，使山庄静观组景和动观组景相结合，点、线、面井然有序。最后巧妙地运用诗画点景，使山庄以理水造境取胜。避暑山庄所开创的园林规划——园林化的风景名胜区，对当前国家生态园林城市的建设同样具有重要的理论指导意义和实践参考价值。

参考文献：

[1] [2] 周维权 . 中国古典园林史（第三版）[M]. 北京：清华大学出版社，2008：391.

[3] 王其亨，崔山 . 中国皇家造园思想家——康熙 [J]. 中国园林，2006（5）：78.

[4] 计成，陈植注释 . 园冶注释 [M]. 中国建工出版社 1988：56.

[5] 和珅，梁国治主编 . 钦定热河志：卷一 [M]. 四库全书，1781.

[6] 孟兆祯 . 园衍（第一版）[M]. 北京：中国建工出版社 2012：201.

[7] 和珅，梁国治主编 . 钦定热河志：卷二十五 [M]. 四库全书，1781.

# "伯林顿文人圈"与18世纪早期的英国造园

卜雄伟

## 一 "园林革命"的起源

艺术史家肯尼斯·克拉克 [Kenneth Clark] 曾称，英式自然风景园林 [Landscape Garden] 与莎士比亚和乡村别墅一起，是英国给世界最大的艺术贡献。欧文·潘诺夫斯基 [Erwin Panofsky] 在《劳斯莱斯散热器的观念先驱》[*The Ideological Antecedents of the Rolls-Royce Radiator*] 中，就提及18世纪20年代英国发起的 "园林革命" [Garden Revolution]，[1] 并视之为是英国对欧洲艺术史最伟大的贡献之一，这场革命主要取代此前盛行的意大利—法国式规则园林设计。早在意大利文艺复兴时期，规则式园林就开始在西方盛行，例如美第奇园 [Villa de Medici] 就是此时期的典型，其对称划一的几何式构图体现出当时人们对于宇宙秩序和和谐理性的追求，17世纪规则式园林设计在造园家勒·诺特尔 [Le Nôtre] 的凡尔赛宫苑达到了顶峰（图1）。潘诺斯基认为规则式造园是一种人类用自己构想的宇宙秩序与和谐去驾驭自然秩序的行为，规则式园林是一个从自然割裂出来的小宇宙。[2] 17世纪中后

图 1　勒·诺特，凡尔赛宫苑，始建于 1661 年

期，尤其在光荣革命之后，来自荷兰的英国国王带来了荷兰式的规则造园风格，这成为英国贵族追捧的园林时尚。但进入 18 世纪之后，英国的自然式园林开始发展出自身独特的造园语汇，脱离此前诸如整齐划一的林荫大道或如地毯般的花园植坛 [Parterre] 等手法，这一新风格借被视为"现代园林之父"的威廉·肯特 [William Kent] 之手在三四十年代达到成熟。英国独特的自然式园林无论在形式上还是观念上，都与欧陆地区的规则式园林迥然相异，耐人寻味。艺术史和园林史对这一独特造园风格的起源分析研究相对较少，概论性的通史著作丰富但多浅谈辄止，或者一些研究从观念或美学的角度给予解释，但直接的艺术家实践因素少有提及。因此，本文将立足肯特的造园上下文，尤其关注对其有着直接影响的"伯林顿文人圈"[Burlington Group]，以此探索艺术家创作语汇的习得和观念的由来，还原艺术家的创作方案，回答英国自然式园林是如何在这些因素的共同作用下获得基本形态的问题。

对于这场"园林革命"的起源，潘诺夫斯基本人在《劳斯莱斯散热器的观念先驱》中通过总结园林、建筑、手抄本插图、工

图 2　威廉·荷加斯，
《美的分析》，版画，
1753 年

匠手艺等方面提炼出了一个折中和注重实用的英国民族性格，用以解释英国与欧陆国家相异的艺术风格，其中包括自然式园林。潘诺夫斯基的解释是基于一个从具体技术层面提炼出来的抽象民族性和风格论，对于造园家实际的创作情景和条件则没深入分析。另外，常见的研究角度还有从盛行于 17 世纪的经验哲学入手的，哲学家弗朗西斯·培根 [Francis Bacon] 和约翰·洛克 [John Locke] 构筑起经验主义哲学体系，其认识论强调人类知识的获得是基于后天对自然的观察和经验，而自然界中充满曲线和不规则的形式，完美的形式仅存在于人的理念之中，由此可得人本性应当是偏爱有机的曲线。这一点体现在画家威廉·荷加斯 [William Hogarth] 的《美的分析》[The Analysis of Beauty] 中（图 2），他认为美感的来源主要是带有曲线之物，尤其是蛇形曲线。艺术理论家约翰·奥耐恩斯 [John Onians] 在《神经元艺术史》关于荷加斯的章节中提了另一位善用曲线的造园家"能者"布朗 ['Capability' Brown]，[3] 认为他的造园风格与荷加斯一样，体现出了人性中对曲线美的偏爱。但是奥耐恩斯在此章中指出伯林顿

[Lord Burlington] 和肯特的建筑风格是非曲线的，与荷加斯、布朗的曲线之美相抵触。[4] 伯林顿和肯特的建筑风格是当时盛行的帕拉第奥主义 [Palladianism]，在形式上充满了与曲线相反的"折线"，按照荷加斯的曲线美理论，这种建筑形式是非自然的。然而，事实上在 18 世纪早期肯特在造园中就已经熟练地从事自然式造园，其园林中充满了自然式的曲线之美，而布朗正是肯特的继承人，其风格深受肯特影响。与此同时，肯特又在其赞助人伯林顿处习得帕拉第奥主义建筑语汇并运用到园林建筑中，那么可以说肯特的艺术观念并不单一从属于"曲线"或者"直线"。历史上，早期的英式园林正是帕拉第奥主义建筑与自然式风景园林相结合的形式，因此用经验主义哲学的理论就很难解释为何早期英式自然园林是两种看似矛盾的形式的结合体，无法解释造园家为何要用这样看似矛盾的手法去设计建筑和布置园林。尼古拉斯·佩夫斯纳 [Nikolaus Pevsner] 在他的论文集《艺术、建筑和设计的研究》[Studies in Art, Architecture and design] 中也提及这一矛盾，帕拉第奥主义建筑应该更适合于规则式园林。佩夫斯纳解释道，因为 18 世纪的艺术家在创作时，会像自然创作自己的作品一样，根据事物内部的和谐秩序来进行创作，因此帕拉第奥主义实现了一种视觉象征上的成就。[5] 上述的理论都在观念意识上对英式自然园林进行解释，但对于艺术家创作的实际方案涉及的不多，探讨 18 世纪英式园林的起源还需从造园家创作的上下文入手。

## 二 伯林顿文人圈

艺术史家弗朗西斯·哈斯克尔 [Francis Haskell] 在《赞助人与画家》[Patrons and Painters] 中，详细地分析了 18 世纪早期"大旅行"[the Grand Tour] 背景下英国年轻贵族在威尼斯的赞助活动，并称伯林顿是 18 世纪上半叶的最具影响力的赞助人。[6] 伯林顿早

年受到沙夫兹伯里 [Shaftesbury] 的美学思想影响,追求新柏拉图主义的理想美,因此也投入到"大旅行"的社会热潮之中,南下意大利进行学习,训练自己的艺术趣味。伯林顿曾两次前往意大利,第一次旅行在 1714 年至 1715 年,他在意大利结识了早期帕拉第奥主义建筑师科林·坎贝尔 [Colen Campbell],并邀请他回国重建在伦敦市区皮卡迪利的府邸,坎贝尔也因此成了伯林顿的建筑教师。在这次旅行中,伯林顿也结识了未来在由他发起的帕拉第奥主义运动中的重要搭档——肯特,但这时候肯特主要以画家的身份与伯林顿交往,并很快得到青睐,为伯林顿选购意大利画家的绘画作品。在威尼斯地区的旅行中,伯林顿通过对帕拉第奥 [Palladio] 建筑的亲身考察产生了新认识,回国后对坎贝尔的重建并不满意,认为是不完整的帕拉第奥主义形式,因此于 1719 年第二次前往意大利,重点考察威尼托地区帕拉第奥的建筑,并在这一年的年末把肯特请回英国。此次考察中,伯林顿测量并绘制了包括圆厅别墅 [Villa Rotonda] 在内的建筑图纸(图 3),并在回国后收购了坎贝尔手上大量帕拉第奥的手稿,从此,伯林顿拥有足够的材料供自己研究,并成为帕拉第奥主义建筑师。值得一提,

图 3 安德烈亚·帕拉第奥,圆厅别墅,始建于 1552 年

图 4 伯林顿爵士，
奇兹威克府邸，重建
于 1719 年

不同于文艺复兴以来建筑都由职业建筑师设计的传统，18 世纪的
英国庄园业主在"大旅行"的社会运动驱动下，积极地投身于园
林建筑实践，伯林顿也不例外，他本人也是非常出色的艺术赞助人，
而且借助其强大的影响力在英国推行帕拉第奥主义建筑。

伯林顿的奇兹威克府邸 [Chiswick House] 是英国帕拉第奥主
义建筑的代表作（图 4），也标志着从伊尼戈·琼斯 [Inigo Jones]
起帕拉第奥主义在传入英国之后达到成熟。伯林顿是当时"大旅
行"背景下年轻英国贵族的佼佼者，也具备这一群体的典型特征：
年轻的辉格党人 [Whigs]，心怀复兴英国社会和文化的抱负；慷
慨的赞助人，除了从欧陆带回大量的艺术品之外，还赞助了一批
优秀的艺术家。伯林顿的赞助活动中心在他位于伦敦西郊的奇兹
威克府邸，与当时其他身份地位类似的精英贵族一样，伯林顿在
伦敦有自己的府邸，用于处理政府工作事务，而社交和休闲的中
心则位于郊外的别墅庄园。伯林顿在自己精心设计的帕拉第奥式
府邸建立了一个以自己为中心的具有强大影响力的文艺圈子，连
音乐史上伟大的作曲家亨德尔 [Handel] 也曾入驻奇兹威克。这
个文人圈子包括各个文艺领域的艺术家，其中就有帕拉第奥主义

运动的重要建筑师坎贝尔和肯特，还有新古典主义大诗人亚历山大·蒲柏 [Alexander Pope]。伯林顿建立起的这个文人圈对 18 世纪早期的帕拉第奥主义建筑运动和英式园林的发展都有着巨大的推动作用，这个圈子以其强大的文艺影响力受到许多艺术和建筑理论家的关注，约翰·萨默森 [John Summerson] 称伯林顿圈子本质上接近于"美术学院" [Academy of Art]，[7] 可见其艺术上的独特性。在国内早期的园林史著作中，陈志华先生在《外国造园艺术》中称这一圈子为伯林顿文人集团，[8] 说明他已经注意到伯林顿文人圈在 18 世纪英国园林发展中的特殊地位。

"大旅行"背景下，许多英国艺术家在意大利接受训练并渴望得到年轻新贵们的赏识，这一艺术家群体的内部竞争是激烈的，因为他们只有有了赞助人才能出人头地。不管在意大利旅行期间还是回到英国之后，伯林顿作为著名的赞助人其身边不乏出色的艺术家，但伯林顿对肯特格外地宠爱甚至达到偏心的地步。当时的艺术家乔治·维图 [George Vertue]，曾在他的个人笔记上记载到肯特与画家亨利·川斯 [Henry Trench] 的故事。肯特和川斯都在意大利学习绘画，在绘画上川斯要比肯特好，他在罗马圣卢加美术学院的竞赛中取得过两次冠军，但是肯特只取得比较一般的成绩。伯林顿在意大利的旅行中，肯特和川斯都以画家的身份活跃在他身边，在绘画才华和名气上，肯特都不如川斯，但伯林顿旅行罗马时经常携的最喜欢的画家却是肯特，有时川斯也在场，他认为自己在绘画上的造诣要高于肯特且更有名气，因此对伯林顿的偏心感到非常不满，还数次写劝诫信给伯林顿，信中主要是展示自己胜于肯特之处。但是这样的行为并没有让伯林顿改变态度，甚至适得其反，伯林顿有时候会把信念给肯特用来取乐。川斯在回国之后也顺利获得一些贵族的委托，但是他终究没有找到赞助人，甚至因此还回意大利进修两年。[9] 川斯最后落得贫困潦倒的下场，1726 年在英国逝世，而此时，肯特已经以帕拉第奥主义建筑师和新风格园林设计师的身份，活跃在英国各个贵族的庄园，事业如日中天。肯特的成功之处在于他能捕捉伯林顿对帕拉第奥建筑的嗜爱并投其所好，从中可以看出肯特性格中的机敏和灵活。虽然肯特在伯林顿的赞助下改变了命运并作为建筑师和造园家获得成就，但是肯特也并不一直认为自己是地位低下的随从，相反，肯特认为自己跟伯林顿是平等的合作关系，他自己就曾在书信中写道"现在你 [ 伯林顿 ] 与我所做之事，在一百年之后会受到敬重，虽然现在看起来并不如此"。这句话写在伯林顿与肯特合作推行帕拉第奥主义的时期，肯特并不把自己仅仅当成伯林顿思想的执行者，而是合作伙伴。[10]

伯林顿在第二次意大利旅行回国后对帕拉第奥建筑达到了狂热的状态，并借助文人圈进行强有力的推广，其实现方式主要是三种。第一种是让文人圈内部的艺术家接受其观念影响，并借助他们的艺术创作来实现，例如肯特就深受到伯林顿艺术观念影响，其程度之深，园林理论学者蒂莫西·摩尔 [Timothy Mowl] 称肯特"被伯林顿牢牢把握住并风格洗脑 [stylistically brainwashed]"[11]。这也是可以理解的，肯特作为伯林顿所宠爱的艺术家和合作方，自然也就成为伯林顿思想的代言人，并通过文人圈社交获得上流贵族的建筑和造园委托，把伯林顿的帕拉第奥主义付诸实践。在 18 世纪 20 年代，伯林顿让肯特协助其把之前收集来的帕拉第奥图纸汇总出版，其中于 1727 年出版的《伊尼戈·琼斯的设计》[Designs of Inigo Jones] 一书的编辑者就是肯特，书中除了帕拉第奥和琼斯的设计图之外，还夹杂着肯特自己的一些建筑设计作品。同在这时期，帕拉第奥的理论著作《建筑四书》由詹姆斯·莱奥尼 [James Leoni] 翻译成英语发行，这部价格不菲的大型著作面向的受众群体正是那些拥有乡村别墅有教养的新贵族，伯林顿正逐步在其圈子构建起一个系统的帕拉第奥建筑理论体系。第二种是借助作为上流社交活动中心奇兹威克庄园的推广，所有到访奇兹威克的贵族或者在政府担任要职的官员，还有受邀入驻奇兹威克并受赞助的艺术家，都无疑会被伯林顿的艺术观念影响，从而在精英群体中形成一种新的艺术趣味，大大提高了帕拉第奥主义的声誉。例如在第一种方式中提到的两本建筑理论出版物，都是少量流传在伯林顿文人圈和一些有密切关系的精英之间。第三种方式就是通过"皇家工匠署" [Office of Works] 来实现，皇家工匠署主要负责王室的建筑工作，如维护、装饰宫殿和政府办公室，18 世纪正是皇家工匠署达到最大影响力的时期。正因为这个机构服务对象的特殊性，皇家工匠署成为英国主流建筑师的精英组织，重建伦敦圣保罗大教堂 [St Paul's Cathedral] 的建筑师雷恩爵士 [Sir Christopher Wren] 就曾为首席工匠。在 18 世纪早期，伯林顿通过其强大的政治影响力把控着皇家工匠署，于 1726 年让肯特担任首席工匠，用以保证他的帕拉第奥主义建筑改革得以顺利推行。另一个极佳的例子就是伯林顿也让他的绘图员亨利·菲利考夫 [Henry Flitcroft] 成为皇家工匠署成员，菲利考夫正是《伊尼戈·琼斯的设计》一书的绘图员。英国如画式园林最杰出代表作同时也是欧洲最著名的园林之一的斯陶尔海德庄园 [Stourhead Head]，就是由业主和菲利考夫共同完成的，菲力考夫主要负责的是园林中的建筑设计和布置，足见伯林顿文人圈影响之深远。[12]

在讲述完伯林顿文人圈及帕拉第奥主义的推广之后，我们可以得出一个结论：帕拉第奥主义运动在英国的盛行一定程度受社会和文化因素的影响，但最直接的因素是伯林顿的强力推动，他把文人圈作为媒介促成这场建筑风格的改革，使帕拉第奥主义成为当时建筑中最高贵的审美趣味，伯林顿通过社交和声望使新风格成为名流贵族的最佳选择，因此深受其影响的肯特在园林建筑设计中采用这一手法也可以说是一种客观必然，贺拉斯·沃波尔 [Horace Walpole] 曾道：伯林顿是"文艺中的阿波罗"，肯特是"稳妥的牧师"。

# 三　蒲柏的自然观念

18世纪早期英国文学进入了一个黄金时期，也就是所谓的"奥古斯都时期"[Augustan Age]，自然观念就是在这一时期的新古典主义文学中逐步发展起来。沙夫兹伯里的柏拉图对话式[Platonic dialogues]作品《道德家》[The Moralists]的一段描写野外风景的文字，被视为自然观念在18世纪文学艺术上的先声：

> 亲爱的天才！大地的天才！伟大的天才终于起来了！我不能再压抑自己对自然之物的热情：人类的艺术、自负和善变，通过破坏原始的大地，任意地损坏天才的秩序。即使是粗野的岩石，长满青苔的大山洞，不规则的未经修整的洞穴，还有破损的水流，凭借所有野外自身不悦目的华丽，越发地再现自然，就会更加的引人入胜，显现了超越公侯园林规则的滑稽。

沙夫兹伯里在这段文字中歌颂的自然，是有着"粗野的岩石""长满青苔的大山洞""破损的水流"等形态的原初的自然。沙夫兹伯里用"粗野的自然"来对比"规则的公侯园林"，可以看出他对于那些规则设计的园林持批评和不满的态度，他认为真正的美应该是自然的，未经加工的。与沙夫兹伯里相似，另一位散文家约瑟夫·艾迪生[Joseph Addison]也推动了自然观念的发展，他创办了对当时的文艺圈影响深远的杂志《旁观者》[The Spectator]，并发文倡导新的艺术观念，其中就包括造园：

> 一个长满了柳树的沼泽，或者一个布满橡树的山，不仅更加美，而且带来更多好处，比起让它们荒芜和缺乏装饰。玉米田可以用于创造一个宜人的景观，而且如果田间小路可以有一定的修

理，如果自然的花纹——草地能被整理并添加一点艺术的装饰，而且几条树篱点缀着树木和鲜花，只要土壤适宜，任何一位绅士都可以自己创造一个美好的景观。（《旁观者》，1712 年 6 月 25 日）

沙夫兹伯里喜爱的是无人居住的野外环境，艾迪生则把自然观念引入到人居环境之中，人们可以通过景观的塑造在园林中实现自然理念。艾迪生赋予造园以自然的观念和趣味，蒲柏则将自然观念推向成熟，并通过新古典主义诗人的身份，为园林趣味增添新的内容——古典主义。蒲柏对自然之美的倡导，可以在他的文艺理论诗歌《论批评》[*Essay on Criticism*] 中看到，他认为好的艺术应该要基于模仿和研究自然：

首先要追随自然，形成自己的评判框架。
自然公正的标准，它适用万物始终如一。

虽然蒲柏在《论批评》中主要针对的是文学领域，但他强调了自然对文艺创作的重要性。蒲柏除了作为奥古斯都时期的新古典主义代表诗人，也是最早将古希腊荷马史诗《奥德塞》翻译成英文的学者。1713 年他在《捍卫者》[*The Guardian*] 中发文并谈及了《奥德赛》中阿吉诺 [Alcinous] 的园林，该篇中蒲柏赞美了阿吉诺园林的简约，认为它没有偏离自然，因为没有把绿植修剪成人或动物的形状，让它们按照自然的方式生长：

我们转向雕塑，把我们的树木修剪成人物或动物的丑陋形象，而不是他们自身的通常形态……
我相信天才们的观察绝不会有误，他们是最具有艺术眼光的人，他们总是最热衷于自然……
所有的艺术都由对自然的模仿和研究组成。

蒲柏把自然观念作为文学理论进行倡导，同时也将之引入到造园艺术上。蒲柏赋予了自然观念在园林上应当具备的基本原则，例如模仿自然、避免人工凿琢等，同时也反映出 18 世纪早期的英国知识分子在园林艺术上的审美趣味——只有具有自然之美，或者说像洛兰或普桑的风景画般的园林，才会得到文化精英们的欣赏。

蒲柏作为一名诗人在园林史上的贡献是建立起自然式的园林观念，而且蒲柏把这个观念带到了伯林顿文人圈中。蒲柏在 1716 年就迁入了奇兹威克，直到 1718 年前往特威克纳姆 [Twickenham] 建造自己的私人园林时才离开。他与伯林顿交往甚密，即使在离开奇兹威克之后，仍与伯林顿保持书信联系，并且蒲柏无疑通过伯林顿结识了肯特并保持良好的关系，肯特访问蒲柏的园林并画下了不少素描，也描绘过诗人的园居生活（图 5、图 6）。蒲柏的古典主义文学思想和自然观念必定也深刻地影响了肯特。蒲柏对伯林顿文人圈的园林趣味影响最能体现在 1731 年的《致伯林顿的书信》[*An Epistle to Lord Burlington*] 中：

> 您经常向您的同辈们暗示：
> 某些真理，是无法用重金购得的，
> 有些东西比金钱更加为人所需，
> 而且比品味更加重要，那就是"感觉"。
> 好的感觉只能拜上天所赐，
> 虽然它不是科学，但与七艺相当，
> 如光一般，只能在自己身上感受到，
> 琼斯和勒·诺特也无法提供。

我们可以看到蒲柏对自然观念的推崇，并视其为一种更加高级的品位，要胜于规则式的园林，正如"勒·诺特也无法提供"，

图5　威廉·肯特，《蒲柏园林中的壳形神庙》，钢笔手稿，1725年，大英博物馆藏

图6　威廉·肯特，《蒲柏在他的山洞中》，钢笔手稿，18世纪20年代，查茨沃斯协会藏

蒲柏教导伯林顿建造园林应该要询问自然：

造房、种树，不论你想干什么，

立一根柱子，砌一道发券，

起一方台地，挖一眼洞穴，

都切切不可忘了自然。

……

要待女神如腼腆的仙子，

既不盛妆艳饰，也不可不挂一丝，

不可处处都是美景，

一半的技巧在善于掩饰；

愉快的变化，使人迷惑，使人惊愕，

隐藏了边墙的人，将有最大收获。

……

自然与你同在，时间使它成长，

一个奇迹——斯托园。[13]

在《致伯林顿的书信》中蒲柏赞美了斯托园，说明至少在此时已经存在符合蒲柏趣味的自然式园林。斯托园的首席设计师正是肯特，可见蒲柏与肯特的交情不一般。蒲柏参与到伯林顿的圈子之中，为肯特的造园带来了自然式的园林观念，至此，帕拉第奥主义建筑和自然式园林的思想都聚集到了伯林顿文人圈中，接下来就是造园家肯特通过实践赋予两者统一的新形式。

## 四　肯特的实践

在伯林顿文人圈中，肯特从伯林顿处获得了帕拉第奥主义的建筑语汇，从蒲柏处受到自然式园林的启发，最后借助其本人的创作实现早期英式园林的基本形式。肯特成名前的一个重要委托就是 1719 年末伯林顿奇兹威克庄园的园林设计。从乔治·兰伯特 [George Lambert] 的奇兹威克风景画中（图 7），可以看到帕拉第奥主义设计风格的伯林顿府邸结合自然式设计的园林，如画般蜿蜒的流水、起伏的草坡、远处的小桥体现了蒲柏的自然观念，此时的英国自然式园林已经很大程度上摆脱规则式造园的限制。正因身处伯林顿文人圈之中并受到宠爱和支持，肯特获得了许多上流社会的造园委托。1719 年，肯特接替布里奇曼 [Bridgeman] 成为克莱芒特庄园 [Clarmont] 的首席设计，肯特在这里发展出一套他后期在造园中经典的设计手法，其中核心的一点是通过地形塑造实现自然风景效果。从肯特保留的草图中可以看到（图 8），他保留了范布勒 [John Vanbrugh] 的望景楼建筑，但是改造了建筑周边的环境，把树木按照树丛布置，并留出了大片的草地，园林理论学者亨特教授称这样的手法使人们"能够从园林中读出蒲柏或沃波尔的理念"。[14] 克莱芒特的设计展示了肯特为园林赋予的新趣味，此后，更多的权贵通过克莱芒特认识到了肯特带来的园林新风尚，也让肯特开始在造园上声名鹊起，这些贵族之中有之后肯特重要的园林作品——埃舍尔庄园 [Esher Villa] 的业主亨利·佩尔翰 [Henry Pelham]。埃舍尔场址相对平缓，高差变化没有那么明显，但是从草图中还是可以看到肯特对地形的塑造。在中景，我们可以看到隆起的山丘上布置了帕拉第奥式的望景楼（图 9），建筑的立面容易让人想起文艺复兴时期布拉曼特 [Donato Bramante] 设计的坦比哀多 [Tempietto]，充满古典和谐之美。中景的另一侧是一个神秘的山洞设计，这一造园语汇源自蒲柏在特威克纳姆的私人园林，山洞是表现诗意精神生活的一种形式，从这张由伯林顿所藏，很可能是肯特所作的速写《蒲柏在他的山洞中》可以看出（图 6）。山洞由古典的三角门楣和粗犷的石块堆叠而成，配合高密度丛植的常绿树木，营造出废墟般的历史沧桑感，

图 7 乔治·兰伯特，
《从瀑布上的阳台眺望
奇兹威克庄园》，油画，
1742 年，查茨沃斯协
会藏

图 8 威廉·肯特，《有
范布勒的望景楼和亭
子的克莱芒特庄园》，
钢笔手稿，1729 年—
1731 年，大英博物馆
藏

图 9 威廉·肯特，《有
望景楼和洞穴的埃舍
尔庄园》，钢笔手稿，
1737 年—1739 年，伦
敦兰贝斯自治市藏

让人联想起洛兰的古典牧歌式风景画。

以成熟的植物丛植和地形塑造营造自然主义风景园林、帕拉第奥主义建筑设计、神秘主义的废墟般的园林小品点缀，肯特在实践中使早期的英国自然式园林逐渐形成稳定的风格。埃舍尔园的设计被视为达到了完美，园主人佩翰姆家人对肯特的作品赞不绝口，他的造园技巧被认为相当于绘画创作一般。1738年蒲柏在访问埃舍尔园之后，称赞这里的自然和平静，此后沃波尔也在书信中表示，在埃舍尔庄园中，肯特达到了"肯特式设计"的成熟。肯特在奇兹威克、克莱芒特和埃舍尔逐步实现了英式自然园林的基本形态，并在此后罗夏姆 [Rousham] 园林的设计中达到顶峰。除了把这套经典的造园手法继续完善，肯特在面对逐渐形式化的倾向时，大胆创新了包括借景和跌水等一些新的造园手法，也使得罗夏姆成为现今欧洲最著名的园林之一。肯特于1748年离世，他的造园事业由万能布朗继承。布朗延续肯特所创的自然式园林的基本形式，借助他数百个园林作品，英国自然式园林得以成为影响整个西方艺术史和园林史的重要风格。

## 五 结 语

18世纪的英国"园林革命"实现了从规则式园林到自然式园林的转变，此后，在伴随现代主义建筑出现的现代式园林成为主流之前，自然式园林在西方盛行两个多世纪之久，后来的浪漫主义、印象主义等艺术运动赋予这一园林风格更加丰富的形式和内涵。通过研究最早的自然式造园先驱肯特，尤其是研究对其具有直接影响的伯林顿文人圈，我们可以从艺术史中找到探究园林史的新角度，也为此后更多的造园变迁研究提供启示。

注释：

1 Erwin Panofsky. *Three Essay on Style*. Massachusetts: the MIT Press, 1995: 129.

2 同上。

3 [ 英 ] 约翰·奥奈恩斯，梅娜芳译. 神经元艺术史 [M]. 南京：江苏凤凰美术出版社，2015：73.

4 [ 英 ] 约翰·奥奈恩斯，梅娜芳译. 神经元艺术史 [M]. 南京：江苏凤凰美术出版社，2015：63.

5 Nikolaus Pevsner. *Studies in Art, Architecture and Design*. London: Walker Publishing, 1968: 84.

6 Francis Haskell. *Patrons and Painter*. New York: Harper & Row Publishers, 1963: 280.

7 John Summerson. *Architecture in Britain, 1530-1830*. London: Penguin Books, 1970: 332.

8 陈志华. 外国造园艺术 [M]. 郑州：河南科学技术出版社，2013：202.

9 Catherine Arbuthnott. *Kent's patrons. In William Kent: Designing Georgian Britain,* edited by Susan Weber. New Haven and London: Yale University Press, 2014: 68.

10 Catherine Arbuthnott. *Kent's patrons. In William Kent: Designing Georgian Britain,* edited by Susan Weber. New Haven and London: Yale University Press, 2014: 69.

11 Timothy Mowl. *William Knet: Architect, Designer, Opportunist*. London: Jonathan Cape, 2006: 60.

12 王瑞珠. 世界建筑史·新古典主义卷 [M]. 北京：中国建筑工业出版社，2013: 123-124.

13 陈志华. 外国造园艺术 [M]. 郑州：河南科学技术出版社，2013：203-204.

14 John Dixon Hunt. *Landscape Architecture. In William Kent: Designing Georgian Britain*, edited by Susan Weber. New Haven and London: Yale University Press, 2014: 371.

# 再现之再现之再现

英国园林和西古德·莱维伦茨的几个景观设计片段

龚晨曦

## 一　多重再现：
## 莱维伦茨—英式园林—风景画—意大利地景

　　西古德·莱维伦茨 [Sigurd Lewerentz]，瑞典乃至北欧地区最重要的现代主义建筑师之一，以他的墓园和教堂建筑设计闻名。1962 年，他获得瑞典杰出建筑师奖——卡斯帕萨林奖。他和古纳·阿斯普朗德合作设计的斯德哥尔摩林地墓园被列为世界遗产。他此外还有若干墓地作品，其中最重要的可能是马尔默郊外的东公墓。这些墓园里有大量的景观设计。在这些墓地里有好些位置，其组织和经营方式所产生的空间体验，让我想到英国园林，尤其是斯德哥尔摩林地墓园阿斯普朗德小礼拜堂及复活小礼拜堂外的墓地景观，和马尔默东公墓高起的地形台脊上毗邻圣布里吉塔礼拜堂的第一小段。

　　为何让我产生这样的联想呢？

　　我反复回味拜访这几处的空间记忆，我想应该是因为其中引导体验"局部"和"整体"关系的叙事性空间技巧。无论是莱维伦茨的这几处景观，还是英国园林，都存在"局部"的"收"（内部性）和"整体"的"放"（整体结构的暴露）。"局部"，相当于独立的局部叙事支线，人在体验时是沉浸其中的，无法感知到外部／整体的存在，或者与外部／整体的关系是遥远、若即若离的，经营的技巧往往是灵活运用地形和植物遮蔽视线并拉长体验，同时产生调剂性的变化，比如树的疏密、植物与人之间的松紧、局部的一些小建筑物，它是反高潮的，障—锁—挤—夹，但又有移步换景，充分营造一个内部的小世界；局部有时候也可以对"整体"有一瞥，或者说，其他"局部"有时候会对这个"局部"展示一个线索；而整体结构的暴露，有时是一个缓慢的过渡，更多时候是一个关键视点，在那里所有的局部一起呈现它们之间的关联，构成总体的空间层次，在那个位置所有的信息忽然以一种逻辑被组织起来，在英国园林里，这个逻辑是"如画"，一种对比如克劳德·洛兰 [Claude Lorrain] 的风景画典型组构的联想提示，在莱维伦茨那里这种"如画时刻"可能变得更加抽象一些——可能是一种尺度或者状态的呈现。换言之，在大部分时候，人是在单独的空间局部里运动，在关键视点，空间层次呈现出来，空间和空间之间的关系被呈现出来，即越过局部感知到整体。

英式如画园林是一种对理想景观空间经验的塑造。这种塑造的参照，是绘画。而这些绘画又是对意大利风景，比如托斯卡纳或翁布里亚地区的文化自然地景的理想化描绘——在那里，人造物和自然被长久的人类活动缓慢编辑，获得诸多审美层次和品质，这又被画家摄入他们的画作，再进行一次有目的的编辑——这些画成为英式园林景观设计的参照；画作所呈现的不规则／不对称／多样性／惊奇感／层次等诸多品质，成为当时对抗以勒诺特 [André Le Nôtre] 为典型的几何化景观的另一种理想范式。画作所提供的观看体验——在局部和整体之间反复游弋，局部和局部之间互为线索和引导的关系，均被景观设计过程所转化，重新变成物质和空间实体，也就是英式如画园林。现实→画作→现实，这一连环的"再现"活动创造出新的现实，而莱维伦茨的作品则为这一连环再增一环。这样的"再现"活动所创造的，不单是一种单纯的观看或空间经验的品质，更蕴含着一种可以勾起对彼此联想的品质——游走在英式园林，具有对等知识体系的人不难联想到洛兰的画作或维吉尔的诗歌，进而从眼前之景进入观念之景。游走在莱维伦茨墓园的人又何尝不是如此呢？

　　英式如画园林的若干技巧，比如利用塔、桥、亭、雕塑、碑、树之类"吸睛物"[eye catcher]来标记边界、塑造惊奇、引导视线、引导行动，或从一个空间引导至另一个空间，从"吸睛物"引导至"观看点"[viewing spot]再发现下一个"吸睛物"的层层空间套叠，于有限中产生"无限"的手段，不正如我们在典型的风景画作中会看到的利用远、中、近景构成对空间层次的精细塑造么。用仿古之物唤起对古物的联想，从而在眼前之景中体味到多个时代的重合，以废墟叠合当下，体会到时间投射于空间的多重痕迹，这也是风景画的常用手段。且英式园林所偏爱的以大尺度空间锁扣小尺度局部的手段，不正令我们想到当时风景画流行的对崇高[sublime]之境的塑造吗？托斯卡纳或翁布里亚地区的风景被转化为画作，进而被"手法化"，转化为设计创作所依从的参照——人类从无常和日常中发现规律，而想象正是依托于现实而存在，现实之景与观念之景互相转化——在语境截然不同的中国山水画和园林营造中，也存在着一样的关系性。

## 二　公墓和园林

　　传统的英国墓地总是依傍着教堂。几乎每个小村落都有一座古老的教堂。教堂有一个院子，院子里有很多墓碑。这院子往往比外部的地坪高。墓地和教堂在一起的制度与宗教规定关联。欧洲大陆本来也是这样，因瘟疫的原因改变了这样的规制，墓地才移动到了城市外围，比如阿尔多·罗西 [Aldo Rossi] 在莫德纳 [Modena] 所设计的墓地之旁，就有一个老的墓地。

换言之，当莱维伦茨和阿斯普朗德在 20 世纪初期赢得林地公墓竞赛时，是否是在第一次设计一个花园式的墓地呢？此前并没有这样的墓地。差不多一样的年代，约瑟. 普莱契尼克 [Joze Plecnik] 也在斯洛文尼亚的卢布尔雅那 [Ljubliana] 做了一个墓地，却完全不是这样花园式的做法，而是一个"村落"式的城市墓地。诸多德国城市都有称为"英式园林"的公园。美国已经有中央公园了——这些都是伴随着现代化城市的产物——而这个花园式的墓地本身的策划就是崭新且充满挑战的。怎么去做这个设计呢？去参照英式园林几乎是必然的选择。另一方面，林地墓园的尺度和许多英国园林几乎可以互为对照，比如斯托伊园 [Stowe] 或者霍华德堡 [Castle Howard] 的园林。莱维伦茨和阿斯普朗德的墓地里有明显的叙事性——引导、提示、漫长的路径和提振精神的"吸睛物"、观看点 [viewing spot]、观景台 [belvedere]、对高差的利用和处理、树木和地形对视野的遮蔽和呈现。比如英式园林著名的创作者万能布朗 [Capability Brown] 的技巧，他设计狭长的、弧线的、蜿蜒的道路，当人们接近房子的时候，会因视角变化而从各个角度观看房子，使房子的前景、远景配置变化，看到种种令人产生印象的构图。这种有意地拉长流线，并使流线蜿蜒而制造变幻的视点，不是也可以在林地墓园里看到吗？

从一些具体的场景的营造上，也能看到相似之处。空阔的草坪，往往是带有地形的，因此占据视野中的大部分比例的空间。树木往往团聚在一起，形成黑暗。亭子、柱、雕塑，这些提振人感觉、引导人眼睛的构筑物，如同精细的耳环，形成点缀，让人注意某个地方或是看到更远的地方——以构筑物标记出距离远近，标记出还未到达的空间，以"提示全局"。

# 三 莱维伦茨的三处台地

以若干礼拜堂为核心，林地墓园组织墓的安排——这是和葬仪相关的。在礼拜堂举行告别仪式后，人们将逝者的骨灰送到墓碑所在的地方。那么，人们进入礼拜堂，再从礼拜堂出来，进入到一片半自然的景观中——这里差不多也就是生死之界了。如何处理这样的景观以及景观和礼拜堂的关系，是相当具有难度的问题。在林地墓园中（图1、图2、图3），两处最重要、最具知名度的礼拜堂外的景观，其处理恰好具有一定程度的关联性——建筑师巧妙地利用了地形。

著名的阿斯普朗德小礼拜堂围墙侧门外，有数层台地式的地形。从小礼拜堂院子的围墙开口处逐级而下大约2米，会走到一条浅浅凹陷的"谷地"，这条谷地是一个索引／走廊，通过坡起的小径，或者几步台阶，人们可以走到周边分布着墓碑、层层高起的台地上。台地的高差都是几步台阶的高度，总和加起来大概可以使最高处与小礼拜堂地面标高平齐。对应于几步台阶的高差，台地暴露出尺寸较小的侧立面。从最凹陷的那块地面，看到的是周围平缓、逐步抬起的台地，这"台阶"的宽高比传达出安静、缓慢的意味，符合人们在墓地所需的氛围。与之匹配，最凹陷处种植的是与人等高的、枝叶稀疏的树木，周围则逐步有越来越多的高的、细的且具有纪念性高度的树，并慢慢过渡到完全的森林空间。人们要走出这片区域，回到墓地的主要交通道路上，也必须要穿过逐渐密集的树林。于是在小教堂院外，至墓地主要交通道路之间，一块独立的、具有内部空间层次的空间，便借助地形和树木隐秘的包裹被营造出来，作为人们沉思怀想之处。

而莱维伦茨具有新古典主义特征的复活礼拜堂外则是用"深谷"作为索引／走廊（图4），串联周边分布墓碑、尺度开阔、几

图1 树木，微台地，穿插其间的路径

图2 阿斯普朗德小礼拜堂与景观的关系（1. 墓园入口，2. 阿斯普朗德小礼拜堂），
引自 Caroline Constant. *The Woodland Cemetery: Toward a Spiritual Landscape*[M].
Stockholm: Byggförlaget, 1994:158.

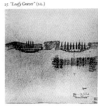

23. *Detail of columbarium court* (E.G.A.)   24. *One of "Seven Gardens"* (E.G.A.)   27. *"Three mounds," glen near south entrance* (E.G.A.)   28. *Study of Burial Quadrant "Family Graves"* (S.L.)

25. *"Leafy Graves"* (S.L.)   26. *Boundary basin* (S.L.): *typical watering well* (E.G.A.)   29. *Road profiles* (S.L.)   30. *Study of graves in glades* (S.L.)

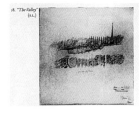

18. *"The Valley"* (S.L.)

图 3　关于地形处理的草图，引自 Caroline Constant. *The Woodland Cemetery: Toward a Spiritual Landscape*[M]. Stockholm: Byggförlaget, 1994:34, 36, 37.

乎没有树木的开敞台地，在层叠密集的树林中营造出"谷地"——"开阔台地"的空间组构。人们要进入墓所在的"台地"，必须身体先向下运动，走到凹陷的"谷地"去。这里的"谷地"和"台"之间的高差远高于阿斯普朗德小礼拜堂的谷—台高差。此处的"台地"暴露在天空之下，是森林中一片难得的开阔之地；阿斯普朗德小礼拜堂外的景观则全部处于树木形成的一层薄薄荫翳之中，尺寸分隔细狭，空间柔软。

　　这两处都使用了"谷"和"台"的剖面技巧——制造下沉，沉入一个凹入的地形，土台障锁视线，使人通过"下沉"这个行动，获得适于缅怀怀想的安静情境。在体验上，先进入"谷"，再有逐层抬升的"台"，"谷"本身成为作为索引的"桥"，通往与亡者对话的空间。土台、树木的密度，墓碑的密度，制造围合和隔绝感的植物（高大的树木或者矮小的荆棘类植物），是操作的元素。

下沉，或者抬高，形成封锁的"域"。树木的密度变化匹配"域"的营造，树木的排布不是强秩序性的，而是弱秩序的，树木"卡"出了作为"空"的"域"。在阿斯普朗德小礼拜堂外，台抬升缓慢，不做坡，而是暴露小高差的侧立面，在"谷"中视野里看见"台"侧面形成微弱的障锁和围合，从"谷"到"台"视野逐步抬高并观察到全局。在莱维伦茨的礼拜堂外，谷和台高差较大，高过人体，形成比较强的障锁，也使人们从凹陷的谷地走到开敞台地上时豁然开朗，进入异世界的感觉更加强烈。两处"谷"和"台"都是和"异世界—日常情境"的切换相互关联的——地形的操作是一个工具，来实现空间主题。两处谷—台高差尺度关系的差异，以及氛围的差异，又是和两个小教堂的尺寸、身份、在总图中的关系性位置所匹配的：阿斯普朗德礼拜堂尺寸近人，蜷缩在院子内，匹配一处柔和的近人的景观；复活礼拜堂是纪念性的尺寸，并位于墓地主路七井之路尽端，匹配一处大开大合、尺度开阔的景观。"谷"是独立的局部，"台"则提供暴露空间关系的高位置视点。"谷"—"台"在墓地中本身又成为独立的空间局部。用于分割空间却保留视线连通性的"谷"也令人联想到英式园林中典型的

图 4　复活礼拜堂外
的谷地和台地

空间道具"哈哈沟"[Ha-ha]。

"台地"(图5、图6、图7)的这个主题,在差不多20年后,再次出现在莱维伦茨晚年的作品马尔默的东公墓中。

山脊是一个天然的"台"。这一条"台"在一个广大的平原之前。平原分布着一块一块的墓地,容纳亡者的灵魂。墓园大门外面,是我们的日常世界。从日常的世界通往墓地的道路,可以是通过一片密集的森林,也可以是爬上山脊,沿山脊而行——山脊的"台"是整个故事的"支线"。

台脊上的这支支线拥有独立的叙事结构,它仿佛爱丽丝漫游仙境里的兔子洞,你一旦进入,在一段叙事里面,你就隔绝于外。它的操作办法是把一些"小园林"放到离台脊边缘有一段距离的"内部"。"小园林"从台脊上沉下去,并且有围墙,进一步和外部隔绝。"小园林"前后的道路,则总是离台脊边缘有个距离,并沿台脊边缘种上树,使台脊边缘微微隆起,以尽可能隔绝对外部道路的视线。

那么"台脊"和"墓地平原"的衔接点,就是嵌入山坡的布里吉塔小礼拜堂。它位于台脊的拐点附近。台脊上的小径,在这个衔接点之前逐渐往台脊边缘靠拢。然后你获得小教堂顶部的平面所定义的直线,并且忽然看到一览无余的"墓地平原"。也正是因为小教堂是两个世界的衔接点,它的形式(那与道路平齐的屋顶所提供的水平直线)和它的位置才获得了意义。它的存在与小径和台脊的位置关系互为表里,共同经营这个堪称惊心动魄的衔接点。

总结一下,台脊是独立的叙事线,其道路和外部是有时分开、有时可见的关系,实现手段是平面上小径和山脊边缘的距离,树木、地形隆起——尺度的变化,使得在某一个位置骤然开放的视野给人以情绪上的震动,就如同在山中行走,在山中时视线是被障锁住的,但在某些点视野一下开阔,可以看到山的全局,这两种体验相辅相成：恰如桃花源记所说，初极狭，才通人，复行数十步，豁然开朗，这种体验正是从由局部支线窥见全景到局部支线融入全景的那个瞬间，以及对这个瞬间的经营。尤其是布里吉塔小礼拜堂之前，脊台顶部小路转弯处，逼近山坡边缘这一小段路径的处理——隆起的小土坡，突然出现的几棵树木，屏障眼睛看向下方开阔墓地的视线，直到布里吉塔小礼拜堂顶部，视线沿着小礼拜堂屋顶的水平线扫视，此前障锁内向的脊台顶部的叙事

图 5　台脊与平原的衔接（图片按顺序为从墓园入口至布里吉塔小礼拜堂，请注意台脊边缘对平原的可视性）

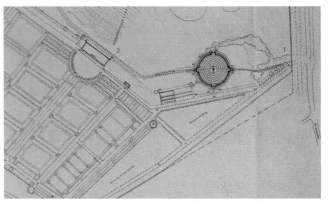

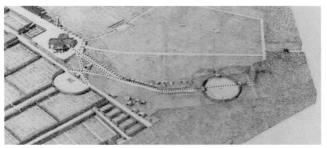

支线，一下子和整个墓园联系起来，融入主线之中——这个障锁和打开的交接精妙而细致，是看似大尺度的地形处理中一个极其精确的"细部"。

## 四　从英式园林到现代景观

英式园林的设计者很多是工匠出身，因此他们在设计之外，日常事务中和工地的结合非常紧密。万能布朗就是在工地上逐步学会绘制平面和建筑语言的。那么可以想见，他的判断在很大程度上依赖于在现场从各个视角对全局和局部的观察和思考——这和中国古代工匠营造园林是有相似性的。在现场观察比起图纸更能发现场地本身所蕴含的潜力——从这个方向、那个方向可以营

图 6　墓园入口—台脊—布里吉塔小礼拜堂（1. 墓园入口，2. 布里吉塔小礼拜堂，红色点线为台脊上流线，蓝色点线为台脊下平原流线），引自 *Sigurd Lewerentz Drawing Collection I* [J]. A+U 544, 2015 (12): 30.
图 7　更早的方案里，台脊和平原的衔接点更加隆重，引自 *Sigurd Lewerentz Drawing Collection I* [J]. A+U 544, 2015 (12): 29.

造的层次和"无限"，当这些发现落实到图纸上，就又变化为可以引导我们还原设计者观察的线索。

同时，这些判断的作出，又有赖于设计者对"理想范式"的熟稔。风景画成为他们的有力工具——画本身就是一种对观看的记录，也是一种观看的对象。风景画并非建筑绘图，而是一种透视情境，是对现实视觉感知的直接模拟。风景画、现场观察和判断、平立剖图——这三样工具在设计者的脑海中互相作用，使设计者的感知和认知在局部和全局中自由切换，并产生一系列成型的手法，逐步让英式园林设计自成一体，成为一个独立于风景画的完整事业——这从英式园林与之的相关术语和诸多共享手法中可以看出。

因此，英式园林以风景画参照作为独特的理想范式，以一系列手法作为工具，又结合各自场地潜力，产生了丰富的结果。

图 8　普莱尔公园的俯仰视角

巴斯郊外的普莱尔公园 [Prior Park]（图 8）以在坡内侧的树林夹住的谷地之间借助坡谷、帕拉迪奥桥、水池营造数重空间，

并将巴斯城纳入构图，使"如画时刻"本身成为空间叙事中的高潮点——"如画时刻"穿插在从密林中穿梭和在坡地上攀爬的体验之间，精心设计的关联性景观元素在一俯视、一仰视的两个视角中重复出现——风景画构图转化为空间叙事，时间的要素被纳入进来，于是园林不再只是一种单点透视的营造，而是如同小说一般具有叙事和时空潜力，也使得每一个被凝视的观察对象都成为一个锚点，并串联起多重视角和视角对应的"观察点"，进而对应于空间流线的刻画。

　　同样精炼的空间构图也出现在斯托海花园 [Stourhead Garden]（图 9、图 10），在那里，所有的视线都发生在环湖的"环"上，都是往内看。视线都分布在路径上。斯托海花园巧妙运用了几个控制空间感知的要素：路径和岸线之间的空间；树木的疏密；路径本身的高低变化——路径与"吸睛物"的关系，以及"吸睛物"与树木的掩映关系。湖的尺度本身是变化的，但湖的尺度、湖的层次并不总是暴露它自己，而是在一些关键点才显现出来，"吸睛物"也是如此。以此，斯托海花园对"环"上原本松散和无序的视线关系进行了精炼、编辑乃至有意识编织——在某些"如画时刻"，这些看似分散无关系的"吸睛物"忽然被整合起来，成为"完整"有意义的、能够唤起对风景画作联想的构图，也使得"环"上的体验充满了情绪的张力和变化。

　　另一个精妙的案例是约克郡霍华德堡 [Howard Castle]（图11—图17）的园林，该园林以一个湖和湖所连接的河谷为骨经营。而很特别和巧妙的地方是，园子的主路没有沿湖沿河而设，反而是设在与河有一定距离、与河近乎平行的坡地腰部，倚靠上侧的树林而行，并因此而获得一连串沿坡等高线逶迤的俯瞰视角。这条路径上有一些沿路设置的雕塑提示其重要性和方向，同时暗示出路径的"内部性"，又逐步利用平面弯曲、树木掩映和收缩视线，制造围合度，如此渐渐收缩前行直到作为"锚点"衔接园外田野

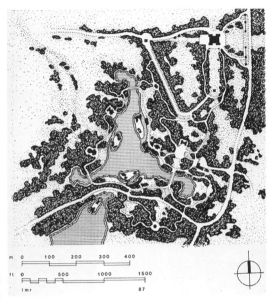

图 9 斯托海花园的
平面示意，引自网络

图 10 斯托海花园
林的路径和如画时
刻

图 11　霍华德堡园林湖畔

图 12　霍华德堡坡腰主路径，树丛后隐约
可见湖面

图 13　四风亭由收而放的畅快

图 14　霍华德堡园林河谷回望的如画时刻，
引自网络

图 15　"吸睛物"和地形的构图，引自
网络

图 16　霍华德堡鸟瞰，可见湖—河—路径
及"吸睛物"的构图，引自网络

的四风亭，远处重峦叠嶂的丘陵全部展现眼前，尺度骤然开阔，
从收到放。且四风亭处又可以看到河谷上的桥，于是引诱游人下
至河谷，走回到沿河又"由放而收"的另一条故事线——一条在
河谷下陷凹地里被更加围合、更加亲密内向的尺度所定义的故事

坡地腰部路线

四凤亭

湖

河谷

桥

图 17　霍华德堡平
面示意，可见路径与
景物的关系，自制

线，在那里向外与外部景观隔绝。这里两条路径的设定堪称精妙绝伦，充分发挥了场地原地形的潜力，通过控制"对别处的感知"，通过收缩／融合来制造出空间在隔绝开放之间切换的畅快。

　　上述三个案例是英式园林中巧妙利用地形塑造空间感知的典型。从地形之台／坡所塑造的俯仰视角、对视／环视的关系，被充分利用，与"吸睛物"紧密配合，以及相应的对"路径"的选择和塑造——在"看与被看"之间的切换，不难看出在莱维伦茨的墓地设计中对类似技巧的运用。东公墓的"台脊"与霍华德堡园林的主路径尤其有可以比较的地方。漫长的游线和"如画时刻"的基因在这里被转化再现为更加抽象的空间切换和尺度转换——且这感知与墓地的功能性和意义性结合，成为坚实的空间解答。

　　　　　　　　　　　　　　（文中图片除特殊标明者均为作者摄）

# 野口勇的园林理论与实践的
# 价值和意义

康　恒

作为现代艺术领域最重要的艺术家之一，野口勇的突出贡献不仅体现在单方面的艺术创造上，更为重要的是他挑战并打破了艺术与设计之间的界限，广泛介入雕塑、庭园、家具、照明设计、陶瓷、建筑、游乐场和舞台布景，并创造出了惊人的成果。另一方面，他融合了多地域的艺术思维和风格，创造出了跨越国界的艺术形式。可以说，野口勇为艺术的全新融合设定了新的标准。他倡导艺术合作，其跨领域实践包括与 20 世纪一些最重要的艺术家和思想家的合作，其中包括约翰·凯奇 [John Cage]、玛莎·格雷厄姆 [Martha Graham]、巴克敏斯特·富勒 [Buckminster Fuller]、乔治·巴兰钦 [George Balanchine] 和日本石雕雕刻家和泉正敏 [Masatoshi Izumi]。他的创作理念和极具先锋性的跨界实践也持续对世界范围内的艺术家、建筑师、设计师产生着影响，激励了许多广为人知的跨领域、跨文化的艺术探索。

## 一　东方营造，西方思考

野口勇的雕塑和园林艺术创造性的一点在于融合了东方美学

与西方现代艺术。他本身及其作品所体现的东西贯通，是一种对多元文化和多领域实践的强有力的整合和重构，是对差异文化系统中的共情与通感的发掘和提炼。例如东方古典禅修中的空和无与西方现代雕塑中的极简性如何相通相含；不同地域对材料的使用如何因循物质的属性而调和。当然最重要的是，如何在深刻理解多元文化异同的基础上，精准地通过空间的关系、元素间的联系和场域，来营造他所期待的想象和精神维度。在这样的前提下，即便是纯粹的西方元素所组合构成的作品，也会因为空间性的分割和安排，表现出东方的理念和美学。通过野口勇作品表现出的纤细的感性和纯粹的自然意向，传统东方的哲学和美学再次呈现在西方的视野下。

## 1. 传统美学的现代诠释

无论是在东方还是西方的历史上，19 世纪末到 20 世纪初都是科技和艺术剧烈革新的时期，或是说正是技术的进步为人们带来了看待事物的新角度，从而为艺术的变革奠定了基础。这一点在东方的园林艺术上表现得尤为明显，无论是中国的古典园林还是以枯山水为代表的日本庭园都逐渐脱离了人们的日常使用，被城市规划中兴起的公园和广场代替，成为不可复制的历史遗产。除了园林艺术，古典绘画、文学、工艺美术等各个领域都受到了现代化的冲击，野口勇正是在这样的时代背景中回归古典、重新审视自身文化传统的最初的那批艺术家之一。

明治维新之后，多次变动的社会环境使得日本本土的美学意识变化得相当频繁，与西方关系的反复变化也造成了艺术家们的立场处于极度的左右不定之中。从对西洋艺术的狂热崇拜、抵抗传统和保守的权威，到战时高涨的民族主义压制了艺术的自由，再到二战后幸存下来的日本艺术家们试图重新建立与西方的联系，以便迅速吸收西方艺术的新发展。彼时本土艺术家们对日本传统的态度暧昧不明，对未来也没有明确的信心，而这时到来的野口勇得以从一个外国人的立场进行自由的探索。他怀着对古日本深厚的热情，以学徒的姿态沉浸在传统文化中，大量接触陶艺、水墨画、书法、禅宗原理，同时遍访京都的庭院。野口勇认为，日本的古代世界对自己的艺术命运尤为重要，除了创作了一系列现代陶艺作品，主动承担起复兴传统陶艺技法的责任外，他将东方传统的世界观融入了自己的雕塑、舞台和园林创作中。他用一块整板折叠而成的铝板雕塑系列体现出渗透在日本美学中的纤细敏感，其中关于轻重的实验启发了未来纽约画廊里出现的悬挂着的平衡雕塑。而他重点探索的石材雕塑吸取了日本庭院中置石的形象，保留石头原始的外观，同时与大地本身有着深深的联结。野口勇设计的舞台空间除了具有现代性之外，也体现出日本独特的幽玄氛围，这是能剧的艺术原理在现代戏剧中的运用。日本传统庭园的艺术特点也被野口勇提炼并运用到了自身的庭园作品中，使其充满自然和宇宙的隐喻，丰富了空间的意象（图1）。

以传统的和纸为例，由古代中国发明的造纸技术传到日本后经过原料和技术改良形成具有日本特色的纸张，这种厚薄均匀带有纤维感的坚韧和纸常被用来制作屏风、纸门等家居用品，不仅具有调节湿度和温度的功能，其柔和的表面也给人舒适平和的心理感受。以和纸为原料的日本手工纸灯有着上百年的历史，在近代却面临逐渐衰落的命运。野口勇对和纸的特性和价值进行了重新考察，将和纸温馨的外观与抽象雕塑的形态和现代电气光源相结合，创造了畅销的经典"Akari 灯光雕塑"，使传统在时代的必需品中获得了新的生命。（图2）

同样地，野口勇对庭园形式的创新建立在对传统庭园带来的美的感受和肃穆的往昔的回溯上，对野口勇来说，对往昔进行回溯才能获得自身存在的依存。他在日式庭园中看到的贵重和积极的部分，成为他获得精神力量和确认历史感的手段，与现代的设

图 1 加州情景剧场，野口勇，引自网络

图 2 和风纸灯，野口勇，引自网络

计手法一样是创作中不可或缺的。因此，野口勇的庭园中从传统继承而来的对自然的欣赏和对本质的探索，使其庭园作品在众多现代空间设计中显露出独特的气质。他以一个艺术家的身份，将古代日本的原理融合到现代化的艺术思想中，回答了现代艺术家能否在吸收西方观点的同时，又成为古日本的美学倡导者这一问题，开创了探索东方意义的新的方法。

## 2. 东方庭园观与西方雕塑手法

野口勇所在的时代正是西方现代景观蓬勃发展的阶段，传统规则式庭园和英国式自然风景园的风格之争早已过去，在以现代绘画为代表的现代艺术的影响下，当时的庭园正积极汲取西方众多艺术流派的特点，大跨步地摈弃传统走向现代，呈现出或理性几何、或自由流动的抽象平面布置。野口勇的雕塑和庭园同样呈现出抽象简约的现代风格，占据庭园主体的或是圆、方、三角锥等高度抽象的几何形体，或是带有超现实主义风格的有机生物形态，空间的整体也呈现出雕塑般的简约和概括，从中可以看出现代主义的影响和自罗丹以来的现代雕塑艺术的传承。但是布朗库西"源"的理念的影响，以及早年在北京的经历和在日本长期的居住生活为野口勇提供了东方哲学和美学的视角，他通过材料的选择和作品的象征性表达出自然素材的原始性和遗迹感，借由东方的庭园观达到了对现代雕塑的延续和解放。

野口勇的园林设计是通过现代主义的理想视角传达了东方传统的精神观念。尽管受到布朗库西等现代艺术家的影响，野口勇的作品同样呈现出抽象的、极简主义的风格。以石材为主的雕塑多被塑造成金字塔、圆锥、不完整的圆环和方形以及各种有机体，但其特点是常常保留原料粗糙的质感而不是整体磨光，使其呈现出史前纪念性、雕塑般的神秘感和重量感。（图3）当这些雕塑通过相互之间微妙的关系组合再造，使整体庭园的每个要素和构成

图 3 野口勇庭园美
术馆中陈列的石材
雕塑，作者摄

关系本身都具有了雕塑般的象征和隐喻，一切便如同自然地生长
在特定的大地空间中。雕塑不再是局部的装饰，而是无法与庭园
分割的一部分。

　　正是由于对东方文化和自然观深入的体验和理解，野口勇
对于东西方两种文化的融合是深刻的，与受到东方影响的西方传
统自然风景园片段化地截取自然不同，野口勇想表现的是东方的
"意"，是存在于物质景观背后大于景观本身的原始情感和精神。
素材是最重要的，形体可以是几何的：圆、椭圆、三角、方形，
也可以是有机体，重要的是能构建出"戏剧性的风景，纯粹想象
的风景，哪里都不存在但又好像在哪里见过的风景。它拥有虚构
的大小和无限的空间"。即使是借由西方的雕塑手法创造出的雕
塑，也因其在材料和空间上与自然的对应关系使人们能在自然与

超自然中依稀地找到对照物，从而使作品产生了神秘性、无时间性，产生了与远古精神的对话，体现出东方的园林思想。

东方传统庭园具有的另一个特性是移步易景的流动性，变化视角的引入打破了西方架上艺术单一的观察视角，为野口勇园林中的联觉体验提供了基础。通过引导观者在空间中不断地位移和视角连续地变化，西方传统瞬时和静态的空间呈现被打破，转而引入东方文化中时空的流动性和无限性。这是一种起源于身处原始自然时对无限辽阔的事物的无尽感知，是感觉印象的相互作用——包括声音、视野，进一步地还包括通过联想产生的复杂情感的诗性隐喻。野口勇利用东方庭园的体验方式扩大了空间中雕塑的感觉，即只有通过身体和直觉的感知将各种各样的感觉印象融合起来，才能带来整体的，超越眼前景物本身的空间感受。

在野口勇的园林作品中，抽象的雕塑与自然的元素一起营造出一处大于实际场所的想象的风景，这是结合了东方庭园的特点与西方雕塑的抽象性和空间的公共参与性的艺术形式。

### 3. 小结：沟通东西方艺术的桥梁

纵观世界庭园发展的历史，野口勇并不是第一位尝试将东西方文化相结合的创作者，但却是首次将东方庭园空间与西方雕塑手法相融合的艺术家。

早在18世纪，东西方的园林文化之间就产生了广泛交流，并出现了一股"中国热"，当时英国自然风景园的发展也极大地受到了中国文化的影响。这一时期的欧洲庭园主要吸收了中国古典园林"源于自然，高于自然"的造园法则。古典园林的自然观追求"天人合一"的境界，视自然为师为友。受其影响的欧洲规则式园林中出现了曲折的小径、假山、岩洞和不规则的湖面。然而这一时期的园林大多是对中式园林和自然纯粹的模仿，片段化地截取自然的一部分。

进入现代社会后，西方庭园更多地受到欧美蓬勃发展的艺术界各种流派的影响。而同一时期，在西方也出现了受到东方禅宗思想影响的一批创作者。战后纽约取代巴黎成为新的世界艺术中心，美国艺术界首先将目光对准神秘的东方，希望通过异质文化实现对西方理性主义流弊的反思和救赎。而禅宗"物我合一、身心如一、圆融无碍"的思想引起了西方浓厚的兴趣，并受到广泛地接纳。

野口勇的作品正是这一思想在雕塑和庭园等设计领域的体现。无论是以石材为代表的素材被保留下的粗糙的表面肌理和颜色，还是通过切割、打孔、打磨等基于石材特性的加工手法中表现出的细腻和感性，都与日本文化中的物哀和侘寂之美有着共通之处，传达了日本传统中对自然的诗意联想和禅宗思想。一个相关的禅宗符号是 Enso（圆相），这是一个经常在野口勇雕塑作品中出现的形状。卡尔·荣格说，圆圈是一种"整体的原型"，一种在自然界中反复出现的形态，自古以来就被用来代表地球、太阳、月亮和穹顶。圆也是禅宗书法中常见的意象，代表着力量、启蒙、虚空、当下和整个宇宙。日本传统文化中的自然观和禅宗思想深刻地影响了野口勇作品中的空间概念，成了野口勇艺术创作的原点和主题。

同时，野口勇对日本庭院和中国山水画的研究也使他的作品呈现出东西文化的交融：既有西方的抽象几何形式，又表达出东方宁静隽永的自然精神。在他的作品中常常出现砂砾、碎石、水中的汀步等日本传统庭园的元素。（图4）因此野口勇的艺术实践始终在向着几何纯粹性和复杂自然性两个方向发展，同时，这个自然是经过深思熟虑的、经过西方艺术慎重处理过的自然。他以纯熟精湛的创作手法将意蕴悠长的东方美学思想与西方构成主义的设计理念相结合，在东西方文化的交汇点上构建了一座桥梁。

图 4 联合国教科文
组织总部庭园，野口
勇，引自网络

## 二　雕塑与空间的融合

### 1. 雕塑走向空间

从古希腊到 19 世纪新古典主义、浪漫主义和写实主义的雕塑实践，雕塑的空间概念已经完成了古典内涵的建立。到了 19 世纪，学院派接下古典雕塑传统，同时现代变革的风暴正在欧洲酝酿。学院派的古典规范与艺术家的创作需求发生冲撞，大量突破性实验汇成西方现代雕塑的多样格局和强劲主流。

此时西方艺术界已经展开了对空间的心理体验的探究，其中，法国雕塑家罗丹成为雕塑史上承前启后的人物。在他身后，旷日持久的雕塑革命呈现出两大走向：其中一种是继续"深入构思形式"，整体上遵循写实主义的范畴。一批卓有成就、影响广泛的雕塑家活跃其中，如马约尔、珂勒惠支等不同社会氛围下的艺术家始终坚持古典主义的旗帜，结合雕塑传统体量以及具象形式，也结合所处社会环境与新思想，进行着一定程度上的探索，但并未完全抛弃具象。另一种则是舍弃人文主义者的传统及有机标准，怀抱着完全不同的理想。比如瑙姆·嘉博 [Naum Gabo] 等构成主义艺术家。（图 5）这是一个从现代主义到后现代主义、汇集诸多流派或主张的庞大队伍，包括立体主义、意大利未来主义、抽象

图 5 瑙姆·嘉博
1916 年所作《头像
构成 2 号》，引自维
基百科
图 6 马蒂斯的雕塑
作品，引自维基百科

主义、俄国构成主义等等，反叛而多元地探索，构成 20 世纪的丰富景观。

　　然而将现代雕塑导入革命走向的急先锋不是雕塑家，而是活跃于 19 世纪末的印象主义、象征主义、表现主义或野兽主义画家，如塞尚、高更、德加、马蒂斯、毕加索等等。（图 6、图 7）他们将绘画上的革新实验引入雕塑，为现代雕塑突破传统体量观念的空间拓展迈出了第一步。法国著名艺术评论家查尔斯·鲍德莱尔 [Charles Baudelaire] 甚至将雕塑的最独特特征——三维性描述为其主要弱点。罗丹是第一位将其视为优势而不是劣势的艺术家。（图 8）他避免只专注于雕塑的正面，而是真正的全面工作。受到印象派画家快速绘画的启发，他在表面上留下了可见的拇指印，显示出未完成的身体部位和碎片，而不是完整而高度完成的人物。罗丹之后，雕塑从个体走向了空间，传统雕塑独立封闭的"整体"被打开进而形成了具有内、外空间的对象，作为空间的一部分，与周边的环境接续相连。自此，雕塑艺术进入了对空间的整合考虑，这是现代雕塑思想最大的变革，也是雕塑开始对同为三维空间艺术的建筑、庭园产生影响和融合的起始。（图 9）在雕塑创作方面接受布朗库西指导的野口勇，自然而然地继承了现代雕塑对

形体和空间的辩证思考。

野口勇同时期的雕塑艺术已经开始产生与景观相融合的特点，由于现代主义雕塑出现由具象走向抽象、为了扩大自身的尺度走出画廊、开始关注和使用自然的材料等方面的转变，雕塑艺术和环境艺术的界限逐渐变得模糊，其中以 20 世纪 60 年代兴起的"物派"[Mono-ha] 和大地艺术 [Earthworks] 为代表。这两个分别在东方和西方出现的艺术流派都强调雕塑个体和空间之间的关系，通过在环境中创作雕塑来扩大雕塑的本质和艺术范畴。但是与真正的空间创作不同，物派还是着眼于雕塑和材料本身，环境只是提供雕塑探讨的语境，因此在城市空间中大多以纪念碑、喷泉、雕塑

图 7 毕加索 1909 年—1910 年所作的《妇女头像》，引自维基百科（左上图）

图 8 罗丹在工作室，1905 年，引自维基百科（右上图）

图 9 亨利·摩尔，《两种形式》，1934 年，纽约现代艺术博物馆藏；亨利·摩尔，《镜刀边缘（LH 714）》，1977 年，铜像，位于华盛顿特区国家美术馆外，引自 *Henry Moore Archive*（下图）

座椅等景观局部的形式出现，缺乏构成空间整体的主题性；另一方面，早期的大地艺术多利用自然本身，通过场地原有的素材和瞬发的自然现象探讨自然和人类社会的关系，弱化了雕塑形态上的创造。而野口勇对雕塑和空间的关系有独特的理解，其空间的主体还是雕塑，无论是将现有的地形、植物、水体塑造成三维的几何体，还是在空间中置入带有自身特色的雕塑个体或雕塑群，对形态的探讨始终占据其作品的重心。同时野口勇对雕塑的置入过程实际创造了一种空间和雕塑的对应关系，从而扩大了自身雕塑的意向，构成被称作空间的雕塑艺术作品。

野口勇雕塑空间化的手法吸收了东方传统庭园的布局理念，因而与环境有着密切的联系。从早期将单体雕塑放置于地面上，通过形态上和大地的呼应以及材料上与自然的对应关系使其成为地表的一部分。到利用磨光的雕塑表面反射周围的光，而使之和环境融为一体，以及将大地本身作为雕塑，借助"山"的巨大体量介入空间。到成熟时期的空间创作中诸多要素的协同作用。无论是在舞台设计还是园林创作中，野口勇始终在探索利用空间扩大雕塑的方法。在他创造的空间中，雕塑和环境在自身中积蓄能量、相互呼应，唤起了具有无限边界的想象中的风景。野口勇将这种雕塑与空间的对应关系称为"反射"，为现代雕塑走向空间提供了新的思路。

## 2. 空间雕塑化

设计的本质就是人们对自身生存空间的改造。以室外空间为例，从早期的果圃、植物、药物园，到近代以观赏、游憩为主的东西方传统庭园，室外空间设计逐渐成了一个单独的设计门类。随着19世纪的工业化大发展，大城市的兴起和环境的恶化使公园设计进入大众的视野，风景园林理论与实践也得以迅速发展，出现了"哈佛革命"[Harvard Revolution]、"加利福尼亚学派"[California

School] 等设计思潮以及景观生态主义对城市问题的应对。当代庭园的分支则更为发散和广泛，涌现出以彼得·沃克 [Peter Walker]、玛莎·施瓦茨 [Martha Schwartz] 为代表的多位当代景观大师和一系列富有创造性的景观事务所。野口勇所处的就是这样一个时代，庭园艺术脱离了传统固有的形式，不再是"规则式""英国式""折衷式"或"自然式"的；相反，现代史上每一次社会变革带来的艺术、文化、技术的发展，都或多或少在庭园设计的风格上留下了印记。野口勇同时代的庭园创作者们，从现代艺术和现代建筑的发展中吸收可借鉴的形式语言，从野兽派 [Fauvism]、表现主义 [Expressionism]、立体主义 [Cubism]、未来主义 [Futurism]、达达主义 [Dadaism]、超现实主义 [Surrealism]，到后现代的波普艺术 [Pop Art]、极少主义 [Minimalism]、环境艺术 [Environments]、偶发艺术 [Happenings]、表演艺术 [Performance]、大地艺术 [Earthworks]、身体艺术 [Body Art]、行为艺术 [Action]，都为庭园艺术提供出新的语汇。设计者们总能以对时代精神的敏锐触觉，走在艺术浪潮的最前列。因此野口勇所处的时代，是各个艺术门类各自发展又不断碰撞融合的时代。绘画、雕塑、建筑、文学、音乐、舞蹈、新媒体与庭园艺术相互影响，相互吸收借鉴，其中，形成了对现代庭园风格影响最为重大的几个主要艺术流派。

（1）立体主义

立体主义提出了空间处理的新概念，是现代视觉艺术的变革中最为彻底的一次。它追求几何形体的美，创造性地表现出一种空间的造型和几何化的重构。现代庭园设计吸收立体主义风格，将绘画艺术中的抽象思维引入庭园设计，是当代庭园创作的基础。立体主义是从二维平面的角度对三维空间和动态时间的再诠释，在庭园艺术方面，经由平面布置再立体化到空间布局中，实际上经历了三维思想—二维布局—三维呈现的两次转换。

康定斯基、蒙德里安、马列维奇三位抽象艺术大师在此之上

图 10 古艾佛瑞堪，
光与水的庭园，引自
*Gabriel Guevrekian's*
*Archive at the*
*University of Illinois*
图 11 丹·凯利，达
拉斯喷泉广场，引自
网络

创造出的平面构图手法成为大多数当代庭园布局的灵感来源。巴黎国际现代工艺美术展上古艾佛瑞堪 [G. Guevrekian] 展示的"光与水的庭园"和以丹·凯利 [Dan Kiley] 的作品为代表的一大批现代庭园都是建立在立体派对块面分割与组合和折线的运用形成的简洁秩序的理念上。（图 10、图 11）现今大多建筑师、景观师的设计平面中仍然能看到这些艺术作品的影响。

（2）"热抽象"[Hot Abstract]

"热抽象"是理性抽象艺术向自由感性方向的发展，过程中出现了野兽派、表现主义、超现实主义等流派，强调创作者主观情绪的表达。

庭园作为艺术与设计的交叉形式，本身依赖作园者的主观表达，加上庭园游憩和愉悦的功能，可以自由地吸收抽象艺术的多种视觉形式。托马斯·丘奇 [Thomas Church] 创作的加州花园中的锯齿线、钢琴线、肾形、阿米巴曲线就是来自超现实主义画家胡安·米罗 [Joan Miró] 笔下的有机体。巴西画家布雷·马克斯 [Roberto Burle Marx] 的作品更是这一风格的集中体现，本身作为抽象主义画家，他将笔下变形而富有表现力的图形创作到了大地上，作品中充满了自由无规律的曲线。（图 12）南美色彩丰富的植物、传统的马赛克都被作为构图的元素组成对比强烈又自由统一的景观图案。尽管"热抽象"的表现形式极大丰富了当代庭

图 12　布雷·马克斯，引自 Courtesy Leonardo Finotti

园的构图手法和表现力，然而以二维绘画为出发点向三维空间的探索始终缺乏对庭园空间要素的整体逻辑整合。

（3）极少主义

极少主义主要体现在绘画和雕塑艺术上。绘画方面极少主义作为对抽象表现主义的反叛，将绘画语言削减至仅仅是色与形的关系，主张用极少的色彩和极少的形象去简化画面，摒弃一切干扰主体的不必要的东西。在雕塑方面，极少主义更是将艺术的实践对象由传统的架上绘画扩展到了工业时代构成日常生活的材料，内核是把对材料的干预降到最低以消解形式主义对材料的预先影响，达到对材料和对象的重新审视。

极少主义对庭园的影响是直接体现在三维空间上的，从观念到材料上更新了现代绘画以来庭园设计从平面布局着手的思考方式。不相干的线条和装饰被去除，材料被放到了重要的位置，通过对材料自身性质和空间合理性的考量诚实地还原场地的特质。

极少主义景观的代表人物彼得·沃克 [Peter Walker]，对非传统材料的运用，如金属、玻璃、混凝土、砂石甚至是自然石的处理显然是极少主义的本质体现。沃克于 1979 年设计的哈佛大学

图 13　榉树广场，引自 PWP
图 14　玛莎·施瓦茨，拼接花园，引自网络

泰纳喷泉 [Tanner Fountain] 是极少主义和极少主义影响下产生的大地艺术的集中体现：159 块自然石围合成的圆形石阵和雾状的喷泉形成一个休息和集会的场所，其形式上的简洁单纯在复杂的环境中营造出史前艺术的神秘感和日本禅宗的精神性。（图 13）

（4）波普艺术

波普艺术以通俗化、大众化、游戏化为特征，罗伯特·劳申伯格 [Robert Rauschenberg] 拼贴、对日用品的挪用，和安迪·沃霍尔 [Andy Warhol] 批量复制的概念可以在庭园设计中找到直接的对应。

波普艺术将现成品的概念直接引入了雕塑和庭园艺术中，虽然波普艺术风格的庭园在当今大多应用于强调某种艺术风格的特定场地，但其对庭园材料的扩展和大众对庭园概念和功能的重新认识起到了推动作用。

美国景观设计师玛莎·施瓦茨 [Martha Schwartz] 在她的众多作品中都使用了流行的色彩、成品的利用、具象的形体、拼贴集合的手法。其最为著名的波普庭园之一是为一所微生物研究所建造的"拼接花园"，全部采用人工材料制作的屋顶花园一半临摹文艺复兴时期的模纹花园、一半模仿日本传统枯山水。（图 14）波普艺术拉近了景观与大众的距离，使庭园成为一个易于理解、令人轻松愉快的日常所在。

图 15　公共农场 1
号，引自网络
图 16　御船山乐园，
引自网络

（5）观念艺术

观念艺术通过消解艺术品的物态属性，彻底解放了当代艺术的形式。在观念艺术中，"观念"是最重要的，而作品的形式、环境、行为、表演等等，都是表达"观念"的媒介。

行为艺术、表演艺术等观念艺术表现出的事件性、偶发性和随意性，以及观念艺术中大众参与的理念，激发了当代景观创作者们，产生了庭园设计的新灵感。最有代表性的是当今国内外的各类艺术节，在其中出现的临时或永久的庭园中都可以看到观念艺术的影子：三年一次的濑户内海艺术祭上的丰岛美术馆引导观者对风和水珠变化的感受；竹林和水围绕的作品"Tom Na H-iu"通过电脑与神冈宇宙基本粒子研究设施（超级神冈探测器 Super-Kamiokande）相连，将超新星爆发等宏观宇宙现象呈现为我们日常对光的感知。

类似还有 WORK Architecture Company 为美国长岛设计的庭园——"公共农场 1 号"[Public Farm 1]，以及 TeamLab 在御船山乐园以高科技的声、光、电技术重构的 50 公顷的自然庭园。（图15、图16）观念艺术以其对艺术和世界本质的追问和创新呈现成为当今最重要的艺术形式之一，然而因其艺术的瞬时性和短暂性无法代替现有城市环境和公众生活中的庭园形式。

（6）地景艺术

地景艺术又被称为大地艺术，对当代庭园的影响主要表现在三个方面：一是思维上的借鉴，其抽象简洁的造型语言具有强烈的视觉冲击力，能在特定的场所唤起场地的情感和记忆；二是形式上的借鉴，艺术地形的出现极大地丰富了庭园中的造型手法，受到启发的造园者们将场地内的土地塑造成或规整几何、或波浪起伏的各种造型，由变化的地形创造出的多层次的游憩空间和在生态排水上的优势也使其成为现今最常用的庭园创作手法之一；三是大地艺术在偏远场地的选址给后工业废弃地带来了实际的收益，一方面大地艺术对环境的干预很小，不足以影响场地的生态恢复过程，另一方面它在视觉上改善了场地的外观，通过艺术赋予了土地新的价值。

现代庭园不断吸收各个流派的艺术风格，而庭园自身的特点——树木需要时间长成——决定了它在风格更新上的滞后性，因此庭园设计并不像其他艺术流派那样不断更迭和颠覆，反而形成了各个流派共存的状态。各种风格之间偶尔穿插交融，使现代庭园虽然呈现出多元和包容的特质，却也充满模糊和不确定性，未来的庭园发展似乎失去了可供辨别的主流方向，在这样的背景下，野口勇选择了从雕塑艺术出发进行庭园营造，通过赋予空间雕塑化的特质为现代庭园提供了新的发展方向。

在野口勇之前，雕塑艺术虽然同为空间的艺术，却限于自身的发展而对现代庭园的影响远不如绘画艺术持久和深入，这是由于绘画艺术是最早出现在人类生活中的艺术种类之一，并且自诞生起就是造型艺术中最主要的一种艺术形式，现代艺术对传统的变革和反叛也是自绘画艺术开始的。因此尽管绘画是一门二维平面的艺术，却对庭园的三维空间风格产生了持续而深远的影响。直到现代雕塑艺术的新发展，物派、极简主义和贫穷艺术已然暗示着雕塑与环境天然属性上的一致性，然而预想中的融合还未发生，仅以大地艺术作为桥梁沟通两者。大地艺术虽然在对自然环境的干预塑造上对庭园艺术有所启发，但是更多涉及更大尺度上的空间营造，并且其某些属性如瞬时性和偶发性与庭园设计并不兼容。而兼具雕塑家和造园家双重身份的野口勇在实践中完善了景观雕塑领域的思想脉络，将雕塑融入所处的空间环境中，随后又以大地为主体、用雕塑手法雕刻空间环境，实现了景观的雕塑化。他将"庭园当作空间的雕塑"，不仅追求完整的平面构图，更重视庭园中主体造型语言的丰富性和这些形体相互组合关系的多样性和和谐性，将现代雕塑的创作手法完全融入了庭园的设计中。

野口勇创造的空间作品具有和他的雕塑艺术相同的气质特征，如同被放大的雕塑小稿，其中高度抽象的金字塔、圆锥、三角锥和不完整的圆环因其简洁的造型而具有高度精神性和视觉冲击力；空间中的其他元素也被简化了细节，经由相对关系的设置与雕塑主体产生了映射，如修剪出造型的植物、被约束的水面。通过雕塑的抽象手法，空间的象征性被精心地维持，一切都可以被简化为三维方向上点、线、面的对应关系，从而对原始造型产生丰富的隐喻，唤起了崇高的精神和想象空间。这是野口勇雕塑的手法在空间创作中展现出的三维艺术优势，提供了空间雕塑化的发展方向。

### 3. 小结：推动现代学科的交融

雕塑艺术是一门古老的艺术，可以溯源到人类旧石器时期的石雕、骨雕等原始雕塑形式。同样，庭园艺术也具有悠久的历史，不论是以中国古典园林为代表的东方园林，还是丰富而多元的欧洲园林。然而传统的庭园与雕塑分属两个不同的艺术门类，相互之间缺少必要的交流沟通，就像那些点缀在传统花园中的雕像仅仅起到装饰的作用，其中一方的发展很少在理论和实践上对另一方产生深远的影响。雕塑和庭园这两个艺术学科长期处在平行发展的状态中，直到现代雕塑开始了对空间的探索。

野口勇吸收了现代雕塑和庭园的新发展，在单体雕塑的创作中进一步将雕塑释放到所处的空间中，利用空间来丰富雕塑的内涵；同时将雕塑的原理运用到空间的塑造中，创作出具有精神性和象征性的独特的园林艺术。他探寻着一条将现代雕塑艺术的手法全面融合进庭园创作之中的道路，推动了现代雕塑和园林学科的交融。

野口勇曾说："我喜欢想象把庭园当作空间的雕塑……人们可以进入这样一个空间，他是他周围真实的领域，当一些精心考虑的物体和线条被引入的时候，就具有了尺度和意义。这就是雕塑创造空间的原因。每一个要素的大小和形状是与整个空间和其他所有要素相关联的……他是影响我们意识的在空间的一个物体……我称这些雕塑为庭园。"当现代雕塑将思考和创作的对象从雕塑的个体扩展到雕塑和其所处的空间，乃至将整个空间当成一个整体的雕塑去塑造；当现代庭园汲取了雕塑艺术抽象简洁又丰富多样的造型语言，以雕塑化的手法处理空间以提升庭园的表现力时，雕塑艺术和庭园艺术就合二为一，成了一门空间的艺术。雕塑可以走向空间，庭园可以走向雕塑。

继野口勇之后，东西方都出现了许多同时在雕塑和庭园领域都创作出优秀作品的艺术家：东方的当代枯山水大师枡野俊明 [Shunmyo Masuno] 在创新和发展传统日式庭园的同时，擅长以自然石为材料加工创作庭园雕塑；艺术家杉本博司 [Hiroshi Sugimoto] 除了在摄影领域的成就外，同时涉猎雕塑、装置、能剧剧本和庭园设计，他的庭园中常常出现以光学玻璃等现代材料替换自然元素的手法；在西方的艺术家中，埃琳·齐默曼 [Elyn Zimmerman] 深受印度文化的影响，以石头为素材的庭园同样表现出了东方的禅意和自然精神；以色列雕塑家达尼·卡拉万 [Dani Karavan] 的庭园则与他的雕塑一样，表现出纯粹的抽象几何构造。这些艺术家的作品都为当代雕塑和庭园的创作提供了素材。

# 三 风景园林的社会价值

在维护艺术的神圣性和自立性的同时，野口勇同样强调艺术和社会之间的联系。从早期制作公共市场的墙面浮雕，意图通过对公共雕塑意识形态的探讨解决社会问题，到战时积极参与营地公园和娱乐区的设计来改善人们的生活状态和宣扬民主主义，野口勇始终强调共同体验的重要性，希望实现艺术在社会交流中所起的重要机能，以赋予艺术更广阔的意义。

## 1. 公共空间的改造

20世纪30年代开始野口勇就积极地参与到美国的公共事业中，他从公共工程艺术计划那里获得了一份工作，并提交了"游戏山"的草图和模型。"游戏山"是野口勇最重视的实验形象之一，代表着他通过游乐场这一公共空间形式改变公众生活的构想。游乐场不仅是为被钢筋水泥包围的城市中的孩子们建造的作品，更重要的是，在野口勇看来，"游戏"是对"自由"的隐喻，"游戏山"代表着每个人心中曾有过对自然野性的孩子般的感受。人们通过与大地雕塑的互动，唤回内心的感性，重新建立起与自然万物的联结。

最初设计的这座"游戏山"将占据纽约市的一个城市街区，整个区域作为一个大型的游戏对象。为了最大限度地利用可用空间，野口勇设想了一个倾斜的坡面，一个阶梯式金字塔，可以容纳设施和玩耍空间。该计划包括圆形剧场、露天表演台、螺旋式雪橇山、水滑梯和浅池。混凝土雕塑形式取代了传统的游乐场设备，而操场由混凝土或泥土场和实用的钢结构操场设备组成。野口勇试图通过艺术，从根本上改变传统的游乐场设计方法，提供创造民主、乌托邦和公共空间的机会。类似于二战后在英国兴起的"冒险游乐场"，这些设计的目的是帮助建立一个和平的战后

社区，其理念包括和平主义、民主和集体参与性。野口勇设计的游乐场通过不提供标准的游戏对象，如传统沙盒、秋千和滑梯，鼓励了去结构化、更有想象力的游戏行为。野口勇相信："操场[playground]，应当成为一个无限探索之处，而不是告诉孩子们该做什么（在这里荡秋千，在那里爬来爬去），有无限的机会和可能性去玩耍。"

　　1934年，野口勇向纽约市公园管理局官员赠送了"游戏山"的设计计划，尽管这个创新的计划遭到了彻底地拒绝，但他对游戏场的迷恋从未减少。之后野口勇持续不断地设计了一系列游玩场地，以艺术家的身份积极地介入公共空间的创造。直到莫埃来沼公园项目的实施，野口勇终于得以实现自己"游戏山"的梦想，并伴随着这个项目走完了自己的一生。（图17）野口勇用自身的艺术实践，为当代艺术家们如何通过创造性的作品来改善公共空间和城市生活作出了表率。

## 2.重新为环境赋予美学意义

　　野口勇同样重视对艺术本质的探寻，正如他在杂志《联盟季刊》[*The League Quarterly*] 中所陈述的：“如果公众享受不到，艺术的意义就令人存疑。过去，人类的价值是通过他的技巧、宗教和神殿来表现的。可是，现在却只有机械化、权威化的想法了。产业化的阴影将我们中的艺术家逼到特别的角落，人类渐渐成为旁观者。个体是创造性的重大领域，个体及其社会精神领域受到忽视，可以说个体的存在正濒临着危机。”

在工业化大发展的时代背景下，生产中的标准和效率取代了差异和个性化，设计的功能性被提到了首位，传统美学的地位面临冲击。而野口勇认为传统的审美对当今社会仍然十分重要，他追寻着“源”的理念回归到日本的传统文化中，又从世界各地的壮丽遗址和纪念碑中寻找创作的灵感。他在自然和传统中重新发掘出美的意义。但野口勇的回溯不是单纯的向着传统的回归，而是利用传统中蕴含的力量激发他向着现代性的创造。野口勇认为，当现代技术丧失全部可能性的时候，人们会再次回归到基本的事物、基本的素材以及基本的思想中。因此他希望通过原始自然和过去的传统中蕴含的生命与美的存在，重新唤起环境的精神象征意义。环境不应只是事物发生的物质场所，还需要为身处其中的人带来心理上的触动。只有沉浸在创作者通过空间构筑出的丰富的意象世界中，人们才能再次体会到精神上的“余暇”，从而创造出一处令人振奋、使人感到喜悦的场所。

正是出于这样的理念，野口勇的作品超越了一般的观赏雕塑和庭园，而是为了公众的愉悦，为了使大众的生活更有意义、更有价值、更为丰富。正如他所说的：“我确信创作者能发展雕塑家与社会的新的关系，能构筑更高的创造性和价值的关系。一个雕刻的创造和存在不是个人的所有物，而应作为公众的观赏物存在。没有目的地雕刻可以说是没有意义的。”当代庭园也应当具有更多的人文关怀，创造一个“人们聚集在那里会邂逅些什么的场所”。

# 国际视野下中国传统庭园避暑营造智慧科学化研究

鲍沁星；朱柳霞；Stephen R. J. Sheppard；张敏霞；宋恬恬

## 引　言

　　中国传统庭园往往附属于建筑，由建筑和围墙围合而成，是中国古典园林中小型园林的基本单位，也是中型、大型古典园林的基本组成部分之一，集中体现了中国古典园林小中见大、壶中天地的造园艺术。传统庭园在夏季具备良好的小气候特征，长久以来已成为以江南、岭南为代表的诸多地域传统生活经验的共识。我国南方地区夏季气候炎热潮湿，即使在遮阴良好的室内环境中，绝大多数时间都处于热、不舒适状态，室外太阳直射下的热环境则更不舒适，严重影响人们的日常活动和身心健康。因此，在自然山水中发现具备舒适的小气候环境，"师法自然"即模仿这样的环境造园成为我国传统庭园避暑营造的智慧。例如南宋皇室不能每日都去城郊的飞来峰避暑，于是把飞来峰自然山林作为模仿对象，在皇家宫苑中营造避暑纳凉的景点，在炎热夏日之中在禁中后苑中竟然"初不知人间有尘暑也""壶中天地非人间"[1]。

　　近 20 年来，由于城市气候学快速发展以及全球气候变化带来的挑战，中国传统庭园蕴含的传统避暑智慧引起了学术界的普遍重视，中国传统庭园的微气候个案研究（表1）成为近期研究的热点[2]-[11]，相关学者已展开多角度的探讨。然而由于庭园避暑营造技术研究涉及风景园林学、建筑学、地理学、气象学、林学、城乡规划学、生物学、物理学等不同门类的科学知识，跨度较大且互相沟通不足[12]，相关研究成果并未得到充分的重视与整合，因而影响了中国传统庭园传承的科学化，以及传承过程中的量化调控和技术创新。基于以上原因，本文在作者已有研究基础上[13]-[16]，试图为中国传统庭园避暑智慧的科学化理清概念与知识体系，并为当下景观设计实践提供启示。

| 时间 | 期刊 | 园林 | 地域 | 研究重点 | 研究方法 | 作者 |
|------|------|------|------|----------|----------|------|
| 2014.12 | 风景园林 | 余荫山房 | 岭南园林 | 夏景水体热环境 | 计算机模拟 | 薛思寒、王琨、肖毅强 |
| 2015.07 | 西北林学院学报 | 拙政园、留园 | 江南园林 | 冬夏微气候 | 气象实测 | 熊瑶、王亚杰、赵铖等、陈晨、时亚伟 |
| 2015.12 | 南方建筑 | 余荫山房 | 岭南园林 | 夏季微气候 | 气象实测 | 薛思寒、冯嘉成、肖毅强 |
| 2016.01 | 中国园林 | 余荫山房 | 岭南园林 | 四季热环境 | 计算机模拟 | 薛思寒、冯嘉成、肖毅强 |
| 2016.01 | 中国园林 | 豫园 | 江南园林 | 夏季小气候 | 气象实测 | 张德顺、李宾、王振、刘鸣 |
| 2016.02 | 建筑科学 | 余荫山房 | 岭南园林 | 室外热舒适阈值 | 气象实测 | 肖毅强、薛思寒 |
| 2017.10 | 中国园林 | 余荫山房 | 岭南园林 | 夏季遮阳 | 气象实测、问卷 | 刘之欣、赵立华、方小山 |
| 2017.04 | 中国园林 | 瞻园 | 江南园林 | 冬夏微气候 | 气象实测 | 熊瑶、金梦玲 |
| 2018.11 | 城市建筑 | 网师园 | 江南园林 | 冬季小气候 | 气象实测 | 燕海南、肖湘东、张德顺 |
| 2019.06 | 南京林业大学学报 | 留园 | 江南园林 | 景观要素微气候 | 气象实测；计算机模拟 | 熊瑶、张建萍、严妍 |

表1　近年来我国期刊论文发表的古典园林与气候相关个案研究论文（笔者整理）

# 二　相关领域研究进展

20 世纪埃及著名的本土建筑师、1984 年首届国际建协金奖获得者哈桑·法赛 [Hassan Fathy] 在 1986 年出版的《自然能源与本土建筑》中曾赞美庭园的价值："庭园不仅仅是获得隐私和保护的建筑装置，它就像是建筑的穹顶那样神圣的空间，是小型宇宙的一个部分，并平行于整个宇宙的秩序。"[17] 这个观点在阿拉伯及西方世界被广泛地传播。近 20 年以来，传统庭园与气候的关系开始得到学术界重视，陆续有一些研究专著和期刊论文出版，相关研究逐步从体验观察向具有科学量化方法的实地测量及计算机模拟方向快速发展，具体展开评述如下：

1999 年，由英国和叙利亚两国学者主导举办了庭园国际研讨会，主要有欧洲和阿拉伯地区的学者参加，会议论文集经选择和编辑后命名为《庭园住宅：过去、当下和未来》，由泰勒与弗朗西斯集团在 2005 年正式出版 [18]。论文集分为历史与理论、社会与文化维度、环境维度、当代维度 4 个主要部分，共计 21 篇论文。其中"环境维度"有来自英国剑桥大学瑞德 [Raydan D.] 等人的《庭园：一种生物气象学的建筑形式》一文，文章批判性地回顾了前人的研究，对庭园究竟是"获得阳光的口袋"还是"遮蔽阳光的庇护所"这一问题进行了探讨。论文还借鉴了不列颠哥伦比亚大学地理学著名教授 Oke 的"城市气象学"研究，在初步运用"表面积／体积比例 [Surface to Volume Ratio]、阴影密度 [Shadow Density]、日光分布 [Daylight Distribution]、天空可视因子 [Sky View Factor]"几个影响因子把庭园街区与普通街区形式进行初步比较后，作者认为庭园作为城市街区基本形式在干热气候地区具备一定的优势，并提出希望由此启发庭园形式上更多的参数分析与变化调查，以重新诠释庭园的当代意义。

2001 年，美国俄勒冈大学建筑系雷诺兹教授 [Reynolds J.] 出版了《庭园：美学、社交与热舒适》一书，重点关注了西班牙风格庭园，包括西班牙和受其文化影响的拉丁美洲地区的庭园。雷诺兹教授的研究背景为建筑能源与可持续发展等，因此他的研究包含了许多西班牙风格庭园的小气候实测实验，并试图从个案实测中分析和总结这些庭园所具有的建筑设计特征。在书中，他提出了庭园几何尺度的变化规律：寒带地区，传统庭园的几何尺度相对较大，这样可以获得更多的太阳辐射；而热带地区，庭园的几何尺度相对较小。另外，雷诺兹教授还强调遮阴和避免太阳辐射是他所研究西班牙风格热带庭园的特点 [19]。

2002 年，美国加州大学伯克利分校风景园林系奇普·沙利文 [Chip Sullivan] 教授出版了具有里程碑意义的《庭园与气候》一书，沙利文在序言中指明该书的写作源自以下的新认识，"这些历史花园的表达方式不仅局限于美和秩序，他们同样拥有巧妙的被动式设计以调节气候和微气候"，古典庭园所在地"气候愈为恶劣，创造舒适环境的方法就愈为巧妙" [20]。该书以作者的亲身考察为材料的主要获得方式，详细介绍了以意大利为主、包括西班牙和伊朗等国的古典园林适应气候的设计实例。奇普·沙利文教授有艺术家背景，该书的研究基于实地考察与亲身体验，运用简洁而具有艺术表现力的图式阐释了历史园林中与气候相关的设计。更难能可贵的是，他还对伊恩·麦克哈格在《设计结合自然》中全盘批判古典园林并把它们视为住宅美学附属物的观点进行了反思，认为古典庭园设计可以同时满足功能和美感，并在节能园林设计领域存在借鉴的价值。

2012 年，"庭园环境影响"领域的第一篇研究综述发表，首次总结了在世界范围内庭园历史与文化的演化过程，并比较了不同气候区传统庭园的演进特征。研究的视角集中在建筑尺度上，作者塔莱加尼 [Taleghani M.] 等人来自荷兰代尔夫特理工大学建筑系，文章发表在英文期刊《绿色建筑》[*Journal of Green Building*][21]。该综述提及了 60 余篇世界范围内庭园研究的论文，对庭园的历史和分布进行了探讨，认为庭园发展超过 5000 年历史，是一种在全球广泛分布的建筑形式，并对庭园的环境影响及对不同季节和不同气候区的相关研究进行分析和总结。特别值得一提的是，该文突破了传统庭园研究的局限性，引用了一篇发表在 2005 年第 22 届被动与低能耗建筑国际会议上关于庭园实例通风研究的论文，其运用了 Computational Fluid Dynamics(CFD) 计算机软件模拟了波斯湾热带地区的 2 个不同比例的庭园实例，对比了两个庭园内部不同的空气流动情况。

2018 年，"庭园环境影响"领域的第二篇也是最新的一篇研究综述发表，题目为《庭园热环境影响和微气候功能》，重点讨论了庭园的微气候特点并在研究尺度上有所拓展创新，不仅有建筑尺度的庭园研究还增加考虑了城市邻里尺度。该综述由伊朗德黑兰大学扎马尼博士 [Zamani Z.] 等人完成，共收集了 50 篇庭园研究相关论文，包括大量的计算机模拟实例分析研究，发表在英文 SCI 期刊《可再生与可持续能源评论》[*Renewable and Sustainable Energy Reviews*][22]。在这篇综述中，庭园通风的研究被放到相当核心的位置，新引入并详细介绍了瑞士苏黎世联邦理工大学材料科学与技术实验室慕恩 [Moonen P.] 等人发表在 2011 年 SCI 刊物《风力工程和工业空气动力学》[*Journal of Wind Engineering and Industrial Aerodynamics*] 的关于计算机 CFD 模型模拟标准庭院自然通风情况的研究，该研究有利于清晰理解传统庭园的空气流动模式。另外作者还重点强调了未来的研究方向，庭园微气候的调节组件如遮阴、植被和水体的影响研究还相当不足，有待下一步拓展。

庭园的地域气候适应性研究在国际上属于建筑环境领域的研究方向之一，现今主要集中于实际案例的量化验证，多将庭园作为建筑附属空间进行研究。然而，庭园实际上是作为建筑与公共空间的过渡区域，该过渡区域特点的研究尚在起步阶段，庭园与植物、水景等组合来改善庭园微气候设计实践的理论还有待进一步研究探讨和完善提升。

## 三　标准庭园空气流动基本模式

根据以上研究回顾可知，庭园的通风模式在庭园微气候中扮演了关键的角色，是庭园有别于其他城市空间类型如街道峡谷、城市广场等的特殊性所在。由于庭园的实际情况复杂，经简化的标准模型将有助于理解庭园空气流动的基本模式：即把庭院理解为一个向上开口的盒状形态，观察当盒子比例变化时庭园内部出现的不同空气流动与庭园通风模式。

至今，关于标准庭园的空气流动实验除前文提及的 2011 年慕恩 [Moonen P.] 等人完成的 CFD 计算机模拟实验研究外 [23]，还有 1 个物理风洞实验和 1 个计算机模拟实验。其中，该领域首创及最有原创性的研究是 1999 年发表在 SCI 期刊《大气环境》[Atmospheric Environment] [24] 的小尺度庭园仿真物理风洞实验，由英国建筑科学研究院哈勒 [Hall D.] 等人组织完成，该对照组实验设置了 3 个长宽相等、高度不同的标准封闭正方形庭园，通过观察庭园底部散发出的污染物的流动情况，来研究庭园中的空气流动特征。研究发现庭园空间虽然不利于污染物的快速扩散（相比开放空间），却有利于微气候的调节。哈勒还进一步细化实验，引入庭园墙体厚度、开口以及障碍物模拟植被等多个参数，研究它们对于空气流动的影响程度。另外，2012 年由塞尔维亚大学房屋建筑系罗杰斯 [Rojas J.] 等人发表在 SCI 期刊《能源》[Energies] 的论文 [25]，运用 Fluent 软件完成 CFD 计算机模拟实验，实验结论重复并证实了哈勒的风洞实验。

综合哈勒 [Hall D.]、罗杰斯 [Rojas J.] 和慕恩 [Moonen P.] 的实验结果，可分别以庭园的高度和长度为变量形成标准庭园模型，来讨论庭园高度和长度对庭园内部空气流动的影响，具体讨论如下：

1. 当庭园平面为正方形，长、宽均为 W，仅改变庭园高度时，庭园内部空气流动主要归纳可分为 3 种模式（图 1）：

（1）庭园高度为最浅的 1/8W 时，庭园空气流动自由，与外界交换充分，内部循环相当有限；（2）庭园高度等于或大于 3/10W 时，庭园部分区域产生空气循环并形成涡流，尤其是当高度为 W 时（庭园恰为立方体），庭园空气有显著的内部循环，产生的涡流可以穿透庭园底部，并在顶部与外界气体发生交换。（3）庭园高度达到 2W 时（庭园类似天井空间），庭园空间上部有同样的再循环涡流，但是不能穿透到庭园底部，庭园底部的气流与上方的涡流相对独立，底部气流运动非常缓慢且不稳定、不规律。

2. 当庭园宽度与高度相等为 W，仅改变庭园长度时，庭园内部空气流动有 3 种模式（图 2）：

（1）当庭园长度小于 5W 时，一个独立的涡流循环区域出现在庭园内部；（2）当庭园长度介于 5W 至 10W 之间时，除了独立涡流循环的区域外，还产生了一个与外界空间气流交换的过渡区域；（3）当长度接近 10W 的时候，庭园边界围合效果趋向忽略不计。当长度大于 10W 时，可以视同城市街道峡谷不具备庭园空气流动特点。

另外慕恩的研究还证明，当庭园长边与外界风向角度呈 15 度至 30 度时，庭园内部与外界会发生最大的气流交换。

## 四 庭园降温的原理与调控

由上可知，符合一定比例的庭园呈现出与外界不同的内部微

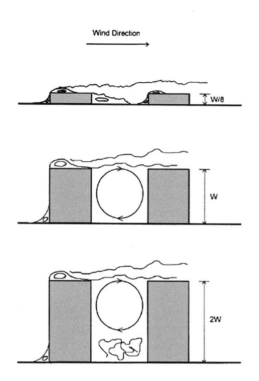

图 1  哈勒，标准庭园空气流动模式示意图，1999 年

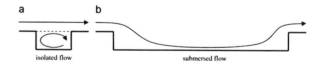

图 2  慕恩，标准庭园空气流动模式示意图，2011 年

气候环境，庭园的边界有助于减少与外界的气体交换，并使内部微气候趋于相对稳定。与此同时，这种内部空气相对稳定性使得人工调控庭园内部的微气候环境成为可能。

关于庭园能够降温的原因，涉及冷空气沉降原理。罗伯特·布朗在《设计结合微气候》[*Design with Microclimate*][26]（2010）一书中指出：当空气被实体围墙所围合，可以形成不同于外界气候环境的孤立区域，冷空气会在庭园中沉降并分层，这时的庭园就如同装满冷空气的水池。罗杰斯等人在 CFD 计算机模拟实验中模拟验证了这一现象（2012）：当围墙温度低于空气温度时，围墙周边的空气温度降低并沉降，庭园中的空气产生分层现象直至半衡状态。

此外，庭园与植物结合能更有效降低庭园内部空气温度。关于夏季传统庭园中植物的降温调控效果，现有一个实测研究提供了数据，发表在 2014 年的 A&HCI 收录英文刊物《建筑科学评论》[*Architectural Science Review*] 上。雅典农业大学的提斯洛 [Tsiros X.] 与以色列理工学院的霍夫曼教授 [Hoffiman M.] 实测了希腊雅典一处 85% 林冠覆盖庭园的降温效果 [27]。实验结果显示，该85% 林冠覆盖的庭园白天的空气温度比周边 85% 林冠覆盖率的城市公园低 1.5 摄氏度，与 15% 林冠覆盖的城市广场有最大为 6.5 摄氏度的降温效果。虽然论文仅仅报告了实测结果，并未涉及空气流动及冷空气沉降等原理的讨论，但恰好证实了由于庭园空气相对稳定，庭园中植被降低空气温度的效果会更加显著。

## 五　传统庭园避暑营造智慧科学化启示

笔者曾整理关于中国传统园林避暑的具有代表性的历史文献 [14]，从中总结出若干种典型的避暑营造理念，它们是传统园林避暑营造智慧的重要体现。现结合上文，对其中最重要的 3 种进一步科学解读如下：

（1）"高树深池，阴翳生凉，水殿风来，溽暑顿消。"[28] 源自学界对传统岭南庭园特点认识，利用人工营造的高大树林、水池等被动式冷源来干预和调控内部微气候环境，庭园高大的墙体、较小的内部空间使庭园的高宽比较大，庭园微气候处于可控状态。首先，在冷源生成与蓄存方面，与地下水相连或足够深的水池可以保持较低的水池温度，高大林木充分的遮阴减少太阳带来短波辐射热量，可以发挥水体、岩石、地面等要素的储热功能对庭园空气的降温作用，这些要素综合作用可为庭园提供足够的冷源；其次，庭园中树木、池塘等生态要素因水的蒸发带走了大量热量降低了庭园的温度；最后，由于庭园空气相对独立并形成内部循环，减少了外部热量的进入，滞后了庭园内空气温度的上升速度，因而在不利的城市环境与气象条件下提供了适居的人造生态系统。

（2）"山树为盖，岩石为屏，云从栋生，水与阶平。"[29] 源自唐代白居易《冷泉亭记》，16 个字把杭州飞来峰冷泉亭前的自然空间建筑化，从中精准概括了以山树作为顶盖、岩石作为屏风、眼前岚气丛生缭绕、亭台楼阁亲近水面的营造模式。南宋时仿杭州飞来峰冷泉空间造园流行一时，且它们都取得优良的避暑效果[30]，分析其原因，冷泉亭周围具备了遮蔽炎炎烈日的庇覆性[31]，同时南侧峰石林立、洞壑万千的飞来峰为冷泉遮挡烈日的屏障，与林木共同构成山水一体的内聚空间[14]，成为园林营造参考的蓝本。在内聚空间中，由于内部空气的循环及与外界较少的空气交换，有限的林木和水体可以更高效率调控空间内部的微气候环境。

（3）"藏风聚气"。中国传统民居流行院落式布局，如徽派、岭南等各地民居的深宅大院的形式，崇尚"藏风聚气"的理念，而根据前文所述，院落内部因空气流动的独立性和稳定性而形成的内部环境可控性，恰好为"藏风聚气"这一理念作了最佳的科学解释。此外，古人按"藏风聚气"的理念所选出的内聚型人居环境，空气流动以内部循环为主与外界相对独立，避免了大风等可能的灾害性天气，在生产力落后、没有足够能源和机械设备的古代社会，这样的选址有利于减轻极端气候的影响，如夏季的酷暑或冬季的严寒。同时，宜居环境的山水地形有利于蓄积成大水面，通过水体较高的热质量可维持内部空气温度的稳定，古人在这样地点进一步蓄水造林，可以把人工营造生态效果最大化。有学者意外发现，很多"风水宝地"在今日已被建成了水库，这正好佐证了这些宝地的外部山体围合良好、内部空间容量大的特征，与庭园空间形式十分相似，具有相对独立与稳定的内部环境。

# 六 小 结

我国江南、岭南等地区的庭园在早期模仿自然环境的基础上，逐步发展出了一套具有气候适应性的园林营造策略，可以作为一种基于避暑降温的"人造微型生态系统"来总结：

（1）外部墙体围合。封闭内向的庭园空间具有很强的微气候独立性，这样的庭园空间往往可以通过调控实现内部环境独立于外环境，尤其是不利的外界气象环境。加之冷空气沉降的物理特性，可在庭园中容易形成相对稳定的凉爽区域。

（2）内部景物围合。在传统庭园的众多实例中，庭园空间建筑化趋向显著，不仅有高耸的院墙，更有乔木、地形等参与庭园空间的围合，使其愈加封闭。庭园内的假山、园林建筑等要素组合进一步分割细化庭园的内部空间，形成相对独立的若干个子空间，使得庭园中的每个子空间环境可控性更强。

（3）被动降温要素。我国江南地区夏季空气中较高的湿度使得庭园中树木、植物、土壤、水体蒸发散热速度和效率大大被削弱。此时庭园内部植物、水体等被动式降温要素，在墙体及林木充分的遮阴的情况下，可以把水体、岩石、地面等要素的热质量更多用于吸收庭园空气的热量，最大限度地发挥这些调控组件调节庭园微气候的能力。尤其水体除了蒸发散热之外，其储热降温、滞后温度上升的能力非常强，庭园空间被动式降温的效果突出，非常适宜于夏季降温避暑。

中国传统庭园避暑营造智慧的科学化研究，对进一步适应全球气候变化的挑战，以及在风景园林领域的本土行动中探索与实践钱学森先生曾提出的"山水城市"理念具有重要意义。笔者认为，"山"可以视为围护结构，"水"可以视为核心调控要素和生态支撑要素。户外园林空间存在通过被动式设计调控微气候环境的巨大潜力，低处挖湖、高处堆山，运用植被、地形、建筑、山石组合来围合组织空间的设计手法，其有较强的内在科学依据。传统园林设计注重地形塑造和空间围合，可以充分发挥的林木水体等要素的微气候调控功能，使之成为炎炎夏日的避暑佳处，这与庭园降温的原理十分相似。为营造适宜活动的室外园林环境，过去风景园林设计师往往运用传统经验通过竖向设计调整地形，今后应进一步加强此方向的量化科学研究，使园林的规划设计达到更好的效果。传统人居环境智慧的科学化需要广博的传统文化积累和扎实的现代科学知识，在这方面笔者感到力不从心，谬误之处必然存在，还请各位前辈、同行批评指正。

（本文曾在 2020 年 1 月第二届小气候风景园林与小气候国际学术研讨会作学术交流，全文已发表于《浙江园林》2019 年第四期）

参考文献：

[1] 鲍沁星 . 南宋园林史 [M]. 上海：上海古籍出版社，2016.

[2] 薛思寒，王琨，肖毅强 . 传统岭南庭园水体周边热环境模拟研究——以余荫山房为例 [J]. 风景园林，2014（06）：50-53.

[3] 熊瑶，王亚杰，赵铖，陈晨，时亚伟.基于微气候改善的江南古典园林空间形态的研究 [J]. 西北林学院学报，2015，30（04）：295-300.

[4] 薛思寒，冯嘉成，肖毅强.传统岭南庭园微气候实测与分析——以余荫山房为例 [J]. 南方建筑，2015（06）：38-43.

[5] 薛思寒，冯嘉成，肖毅强.岭南名园余荫山房庭园空间的热环境模拟分析 [J]. 中国园林，2016，32（01）：23-27.

[6] 张德顺，李宾，王振，刘鸣.上海豫园夏季晴天小气候实测研究 [J]. 中国园林，2016，32（01）：18-22.

[7] 肖毅强，薛思寒.岭南庭园夏季室外热舒适阈值研究 [J]. 建筑科学，2016，32（02）：1-9, 17.

[8] 刘之欣，赵立华，方小山.从遮阳效果浅析余荫山房布局设计的气候适应性 [J]. 中国园林，2017，33（10）：85-90.

[9] 熊瑶，金梦玲.浅析江南古典园林空间的微气候营造——以瞻园为例 [J]. 中国园林，2017，33（04）：35-39.

[10] 燕海南，肖湘东，张德顺.江南古典园林冬季小气候实测与分析——以苏州网师园为例 [J]. 城市建筑, 2018（33）：103-107.

[11] 熊瑶，张建萍，严妍.基于气候适应性的苏州留园景观要素研究 [J/OL]. 南京林业大学学报（自然科学版）：1-11[2019-11-07].http://kns.cnki.net/kcms/detail/32.1161.S.20190617.0916.002.html.

[12]Oke, T. R., 2006: *Towards Better Communication in Urban Climate.* Theor. Appl. Climatol., 84, 179–190.

[13] 鲍沁星，张敏霞.南宋临安皇家园林中的"西湖冷泉"写仿现象探析 [J]. 北京林业大学学报（社会科学版），2013，12（02）：8-13.

[14] 宋恬恬，张敏霞，鲍沁星.杭州西湖飞来峰基于"避暑"特征的山林地造园传统智慧研究 [J]. 中国园林，2018，34（07）：74-80.

[15] 鲍沁星，邱雯婉，宋恬恬，叶丹，张敏霞.中国传统园林避暑营造历史探析 [J]. 中国园林，2019，35（01）：40-45.

[16] 张敏霞，宋恬恬，梅丹英，叶丹，鲍沁星.基于小气候实测的杭州西湖传统避暑名景研究 [J]. 北京林业大学学报（社会科学版），2019,18（03）：86-90.

[17]Fathy, H. (1986) *Natural Energy and Vernacular Architecture.* Chicago, University of Chicago Press.

[18]Brian Edwards (Editor), Magda Sibley (Editor), Mohammad Hakmi (Editor), Peter Land (Editor).(2005) *Courtyard Housing: Past, Present and*

*Future*，Taylor & Francis.

[19]Reynolds J. S. (2001) *Courtyards: Aesthetic, Social, and Thermal Delight*，John Wiley & Sons, INC

[20]Sullivan.C. (2002) *Garden and Climate*, Island Express

[21]（2012）*Environmental Impact of Courtyards-a Review and Comparison of Residential*. J Green Build n.d. Mohammad Taleghani, Martin Tenpierik, Andy van den Dobbelsteen, Delft University of Technology, The Netherlands

[22]Zamani, Z.; Heidari, S.; Hanachi, P. (2018) *Reviewing the thermal and microclimatic function of courtyards*. Renew. Sustain. Energy Rev. 93, 580-595.

[23]Moonen P, Dorer V, Carmeliet J. (2011) *Evaluation of the ventilation potential of courtyards and urban street canyons using RANS and LES. J Wind Eng Ind Aerodyn*;99:414–23.

[24]Hall D J, Walker S and Spanton A M (1999) 'Dispersion from courtyards and other enclosed spaces'，*Atmospheric Environment*, Vol 33, 1187-1203

[25]Rojas JM, Galán-Marín C, Fernández-Nieto ED. (2012) *Parametric study of thermodynamics in the mediterranean courtyard as a tool for the design of eco-efficient buildings*. Energies ; 5: 2381-403.

[26]Robert D. Brown (2010), *Design With Microclimate*, Island Express, 52-54.

[27]Tsiros, I.X., Hoffman, M.E.(2014). *Thermal and comfort conditions in a rear wooded garden and its adjacent semi-open spaces in a Mediterranean climate (Athens) during summer*. Archit. Sci. Rev. 57 (1), 63-82.

[28] 陈从周 . 说园 [M]. 上海：同济大学出版社，2007.

[29] 蒋松源 . 历代小品山水 [M]. 武汉：崇文书局，2010.

[30] 鲍沁星，张敏霞 . 南宋以来杭州仿灵隐飞来峰造园传统及其重要影响研究 [J]. 浙江学刊，2013（01）：55-58.

[31] 董豫赣 . 玖章造园 [M]. 上海：同济大学出版社，2016.

**图书在版编目（CIP）数据**

游于园 : 园林的艺术世界 / 杨振宇, 何晓静主编.
— 上海 : 上海书画出版社, 2021.8
ISBN 978-7-5479-2697-0

Ⅰ.①游… Ⅱ.①杨… ②何… Ⅲ.①园林艺术 - 文化 - 世界 Ⅳ.①TU986.4

中国版本图书馆CIP数据核字(2021)第154568号

# 游于园 : 园林的艺术世界

杨振宇　　何晓静　　主编

| | |
|---|---|
| 责任编辑 | 黄坤峰　张怡忱 |
| 审　　读 | 雍　琦 |
| 封面设计 | 陈绿竞 |
| 技术编辑 | 包赛明 |

上 海 世 纪 出 版 集 团

出版发行　　⑤ 上海书画出版社

| | |
|---|---|
| 地　　址 | 上海市延安西路593号　200050 |
| 网　　址 | www.ewen.co |
| | www.shshuhua.com |
| E - m a i l | shcpph@163.com |
| 制　　版 | 杭州立飞图文制作有限公司 |
| 印　　刷 | 浙江海虹彩色印务有限公司 |
| 经　　销 | 各地新华书店 |
| 开　　本 | 889×1194　1/32 |
| 印　　张 | 6.25 |
| 版　　次 | 2021年8月第1版　2021年8月第1次印刷 |
| 书　　号 | ISBN 978-7-5479-2697-0 |
| 定　　价 | 88.00元 |

若有印刷、装订质量问题，请与承印厂联系